Sammlung Göschen

Astrophysik

die Beschaffenheit der Himmelskörper

von

Dr. Walter F. Wislicenus

a. o. Professor an der Universität Straßburg

Mit 11 Abbildungen

Leipzig

G. J. Göschen'sche Verlagshandlung

1899

Druck von Carl Rembold & Co. in Heilbronn.

Inhalts-Verzeichnis.

Einleitung.

Einige wichtige physikalische Grundbegriffe.

Die Astrophysik ist ein verhältnismäßig junger Zweig der Astronomie und hat zur Aufgabe, die Beschaffenheit der Himmelskörper zu ergründen. Während unter der Stellarastronomie oder auch der Astronomie schlechthin diejenige Wissenschaft verstanden wird, welche sich mit der Bewegung, der Entfernung und der Größe der Himmelskörper, ihrer gegenseitigen Stellung zu einander und dergleichen mehr beschäftigt, wendet die physische Astronomie — wie sie auch vielfach jetzt noch genannt wird — der Betrachtung der einzelnen Himmelskörper ihre Aufmerksamkeit zu, worunter früher lediglich ein genaues Studium ihrer Oberflächen verstanden wurde. Durch den gewaltigen Aufschwung, den die Physik in der zweiten Hälfte des 19. Jahrhunderts hauptsächlich genommen hat, wurde es zur zwingenden Notwendigkeit, an der Hand der physikalischen Entdeckungen und Gesetze die Verhältnisse zu studieren, wie sie auf den anderen Körpern im Weltraum herrschen, und indem die Behandlung dieses neuen Problems naturgemäß der physischen Astronomie zufiel, erweiterte sich dieselbe zu Astrophysik. Diese hat nun — wie wir in den folgenden Blättern sehen werden — schon so manche der auftauchenden Fragen beantwortet, schon so manchen Zweifel gelöst, aber auf diejenige Frage, die der Laie gewöhnlich zuerst stellt, nämlich: ob die anderen Himmelskörper bewohnt seien, wird sie nie eine Antwort haben. Das Einzige, was die Astrophysik in dieser Hinsicht leisten kann, ist die Beantwortung der Frage: ob andere Himmelskörper bewohnbar sind, d. h. sie kann für viele Himmelskörper die Frage beantworten, ob die auf denselben herrschenden Verhältnisse derart sind, daß dort ähnliche Lebewesen wie auf der Erde existieren können, oder nicht. Aber wenn man auch einen Himmelskörper fände, dessen Oberflächenverhältnisse denen auf der Erde sehr ähnlich wären, so würden dieselben doch, z. B. in Bezug auf die Temperatur, immer etwas andere sein, und da die dortigen Lebewesen (wenn solche existieren) sich unter jenen anderen Verhältnissen entwickelt haben, so werden sie eben auch andere sein als die auf der Erde lebenden, denn diese sind durch ihren Entwicklungsgang den Verhältnissen auf der Erde genau angepaßt. Daher ist es denn auch nichts weiter als eine müßige Spielerei, wenn in populären Schriften gelegentlich ausgerechnet wird, was für „Riesen die Menschen auf dem Mars“ wären, denn die dabei gemachte Voraussetzung, daß die etwaigen Lebewesen auf dem Mars denselben Trieb zum Wachsen hätten wie wir Menschen, ist entschieden falsch, sondern derselbe wird den auf dem Mars herrschenden Verhältnissen, also besonders dem Luftdruck, angepaßt sein.

Was versteht man denn nun aber unter Luftdruck? Die die Erde einhüllende Luftschicht wird von dieser angezogen und drückt daher auf ihre Oberfläche und zwar an den Punkten am stärksten, wo sie dem Erdmittelpunkt am nächsten ist, d. h. an der Meeresoberfläche. Torricelli hat schon 1643 gezeigt, daß an der Meeresoberfläche dieser von der Luft ausgeübte Druck so stark ist, daß dadurch Quecksilber in ein in dasselbe hineingestülptes luftleeres Gefäß (gewöhnlich ein an seinem oberen Ende zugeschmolzenes Glasrohr) bis zu einer Höhe von 760 Millimeter über seine außerhalb des Gefäßes liegende Oberfläche hineingepreßt wird. Diese Höhe ist ein Mittelwert, denn dieser Luftdruck ändert sich fortwährend und nimmt außerdem ab, je höher man sich über das Meeresniveau erhebt, und die Stärke desselben wird eben an der Höhe der Quecksilbersäule gemessen, diese bildet das „Barometer", d. h. den „Schweremesser" der Luft. Die Luft hat also ihr Gewicht gerade so gut wie jeder andere Gegenstand oder Stoff auf der Erde; es ist aber auch sofort klar, daß sie viel leichter ist als die meisten Sachen, die uns sonst im Leben umgeben, und wenn man nun überhaupt irgend welche Stoffe auf ihr Gewicht hin miteinander vergleichen will, so muß man gleichgroße Mengen derselben gegeneinander abwägen. Man nennt nun die Zahl, welche angiebt, wieviel 1 Kubikcentimeter eines Stoffes leichter oder schwerer ist als 1 Kubikcentimeter Wasser bei +4° Celsius das *specifische Gewicht* desselben, und da wir nun das Gewicht von 1 Kubikcentimeter Wasser bei +4° Celsius ein Gramm nennen, so giebt das specifische Gewicht eines Körpers zugleich an, wieviel Gramm 1 Kubikcentimeter seiner Substanz wiegt. So ist z. B. das specifische Gewicht des Quecksilbers $13^1/_2$, d. h. 1 Kubikcentimeter Quecksilber ist $13^1/_2$mal schwerer, als ein gleiches Volumen Wasser bei +4°, oder 1 Kubikcentimeter Quecksilber wiegt $13^1/_2$ Gramm. Wollte man also ein Barometer aus Wasser statt aus Quecksilber herstellen, so würde ersteres in der luftleeren Röhre $13^1/_2$mal höher steigen als Quecksilber, also 10 m 33 cm hoch. Das specifische Gewicht der Luft ist $^1/_{1000}$, und um bei Gasen und Dämpfen nicht immer mit so kleinen Zahlen zu thun zu haben, bezieht man deren specifische Gewichte häufig auf Luft als Einheit, d. h. man setzt sie 1000mal größer an, als wenn man sie auf Wasser bezieht. Daß die Körper verschiedenes specifisches Gewicht haben, rührt daher, daß bei den einzelnen Stoffen verschieden viel Masse in der Volumeneinheit (1 Kubikcentimeter) ist, d. h. der eine Körper ist dichter als der andere, was ja ohne weiteres einleuchtend ist, wenn man Luft mit einem festen Körper vergleicht. So nennt man auch das specifische Gewicht eines Körpers seine Dichtigkeit; bei dem obigen Beispiel ist also die Dichtigkeit des Quecksilbers 13½, d. h. um so viel ist es dichter als Wasser. Dabei ist immer angenommen, daß die Körper unter dem normalen Druck unserer Luft, wie man sagt: unter Atmosphärendruck oder: unter dem Druck einer Atmosphäre stehen, denn wenn man sie künstlich zusammenpreßt, sie also unter höherem Druck, den man nach Anzahl der Atmosphären mißt, bringt, so haben sie eine größere Dichtigkeit, ein größeres specifisches Gewicht.

Bei der Untersuchung der Himmelskörper auf ihre Beschaffenheit sind wir häufig einzig und allein darauf beschränkt, das von den Körpern zu uns dringende Licht auf seine Eigenschaften und Bestandteile hin zu prüfen. Nun fassen wir Licht als die Bewegung kleinster und feinster Teilchen, die man wohl auch als Lichtäther bezeichnet, auf. Diese Teilchen schwingen hin und her und zwar im allgemeinen in jeder beliebigen Richtung; sobald jedoch ein Lichtstrahl auf eine mehr oder weniger stark spiegelnde Fläche fällt, die ihn reflektiert, so schwingen die Lichtätherteilchen nach der Reflexion alle in einer und derselben Richtung, das Licht des reflektierten Strahles ist „polarisiert“. Diese Polarisation läßt sich, wenn das Licht nicht gar zu schwach ist, leicht nachweisen, und man kann somit bestimmen, ob ein Himmelskörper eigenes oder nur reflektiertes Licht zu uns sendet.

Sehr richtig ist auch die Messung der Lichtstärke der Himmelskörper, nur fehlt es leider an einem sicheren Maß dafür, und man muß sich mit allerlei künstlichen Lichteinheiten behelfen, die aber alle auf die Dauer nicht gleichmäßig hell leuchten. Sehr gebräuchlich ist die „Normalkerze", wobei man wieder englische, deutsche und französische zu unterscheiden hat. Die englische ist eine Walratkerze von 44,5 Millimeter Flammenhöhe, die 7,77 Gramm in einer Stunde verbraucht; die deutsche hat 45 Millimeter Flammenhöhe, und die französische ist eine Stearinkerze; die Helligkeit der englischen Normalkerze verhält sich zu der der deutschen und der französischen wie 1 : 1,13 : 1,15. Eine andere Lichteinheit ist die sogenannte Carcellampe, deren Helligkeit 9mal so groß ist wie die einer englischen Normalkerze, während die von Violle vorgeschlagene Einheit (das Licht, welches 1 Quadratcentimeter schmelzendes Platin aussendet) 18¹/₂mal so hell wie die englische Kerze ist.

Wichtiger noch für die Erkenntnis der Beschaffenheit der Himmelskörper ist die Zerlegung ihres Lichtes. Schon Newton wußte, daß, wenn man einen Strahl weißen Lichtes durch einen dreiseitigen geschliffenen Glaskörper, ein sogenanntes Prisma, gehen läßt, er nach dem Durchgange in die sieben Farben: Rot, Orange, Gelb, Grün, Blau, Indigo und Violett zerlegt ist, die eine in die andere übergehen und ein kontinuierliches Spektrum bilden. Nun fand 1802 Wollaston und 1814 Fraunhofer, daß das Licht der Sonne und einiger Sterne ein solches kontinuierliches Spektrum gab, in welchem dunkle Linien, die man nach dem letzteren benannte, sichtbar waren, welche man nicht zu deuten vermochte. Andererseits lernte man auch, daß ein kontinuierliches Spektrum nur von festen oder flüssigen glühenden Körpern ausgesandt wird, während glühende Gase und Dämpfe, wenn sie unter normalem Druck stehen, ein nur aus einigen hellen Linien zusammengesetztes, ein sogenanntes diskontinuierliches Spektrum liefern. Um Gase zum Leuchten zu bringen, schließt man sie in ein Glasrohr ein, in dessen beiden Enden Platindrähte eingeschmolzen sind, zwischen denen man einen elektrischen Strom durchschlagen läßt; die Vorrichtung heißt nach dem Erfinder eine Geißler'sche Röhre. Da entdeckte 1861 Kirchhoff, daß, wenn man durch einen Dampf oder glühendes Gas weißes Licht von höherer Temperatur (also z. B. solches von einer elektrischen Bogenlampe) hindurchschickt, in dem kontinuierlichen Spektrum desselben diejenigen Strahlen ausgelöscht werden, die der Dampf selbstleuchtend aussendet, d. h. in dem kontinuierlichen Spektrum der heißen Lichtquelle erscheinen an den Stellen schwarze Streifen, wo die hellen Streifen des diskontinuierlichen Spektrums des Dampfes oder Gases, durch welches das weiße Licht gegangen ist, liegen würden. Durch diese Entdeckung der Spektralanalyse waren nicht nur die dunkeln Linien in den Spektren der Sonne und Sterne erklärt, sondern man konnte nun auch bestimmen, welche Stoffe auf den Himmelskörpern sich befinden, sobald es gelang, die dunkeln Linien in den Spektren derselben genau mit den hellen Linien in den Spektren irdischer Stoffe zu identificieren. Dazu erwies sich aber als bestes Mittel die Bestimmung der Wellenlänge, d. h. der Strecke, um welche jedes Aetherteilchen in einem bestimmten Lichtstrahl hin und her schwingt. Diese Wellenlänge ist nämlich für jede Lichtsorte eine andere, und zwar hängt von der Größe derselben die Farbe der letzteren ab, so daß die Wellenlängen für rotes Licht am größten sind und dann ganz allmählich abnehmen bis zu ihren geringsten

Werten im violetten Licht. Hat man nun die Wellenlänge einer Spektrallinie mit aller erreichbaren Schärfe bestimmt, so kann man dieselbe Linie auch in jedem anderen Spektrum mit unfehlbarer Sicherheit wieder auffinden. Diese Wellenlängen sind natürlich außerordentlich klein, sie betragen stets nur wenige Zehntausendstel eines Millimeters; um sie genau ihrer Länge nach angeben zu können, drückt man ihre Längen in Millionstel Millimeter und deren Decimalstellen aus und kennzeichnet dieses Maß durch ein hinter die Zahlen gesetztes $\mu\mu$.

Nachdem wir uns so die wichtigsten physikalischen Begriffe und Gesetze, deren sich die Astrophysik hauptsächlich bedient, noch einmal kurz vergegenwärtigt haben, wollen wir nun die Lehren und Entdeckungen dieser Wissenschaft selbst eingehender besprechen.

Erstes Kapitel.

Die Sonne.

§ 1. Die Erscheinungen auf der Sonnenoberfläche.

Wenn man die Sonne durch ein nicht vergrößerndes Schutzmittel für das Auge betrachtet, so erscheint sie als mittelgroße, gleichmäßig helle Scheibe, und da der Mensch keinen Maßstab für die ungeheure Entfernung der Erde von der Sonne hat, so fällt es ihm schwer, sich nach der geringen scheinbaren Größe eine Vorstellung von dem wahren Umfang der Sonne zu machen[1]. Um einen Begriff von dem letzteren zu bekommen, diene folgende Angabe: Stellt man die Erde als eine Kugel von 1 cm Durchmesser dar, so wäre der Durchmesser der Mondbahn 60 cm oder mit anderen Worten, der Mond stände vom Mittelpunkt der kleinen Erdkugel 30 cm ab; entsprechend diesen Maßen wäre dann der Durchmesser der Sonne 108 cm. Ein Bild von der Größe der letzteren kann man sich auch nach folgender Vorstellung machen: Denkt man sich die Sonne als eine hohle Kugel, in deren Mittelpunkt sich die Erde befinden möge, so kann unser Mond innerhalb dieser Hohlkugel nicht nur frei um die Erde herumlaufen, sondern von ihm bis zur äußeren Schale ist noch ein nahezu ebenso großer Abstand, wie ihn der Mond

[1] Genaue Zahlenangaben über scheinbare und wahre Größe der Sonne, ihre Entfernung von der Erde 2c. findet man in „Astronomie von A. F. Möbius" (Sammlung Göschen Nr. 11).

von der Erde hat. Wollte man nun diese ungeheure Sonnen-Hohlkugel mit Erdmasse dicht, d. h. ohne Zwischenräume ausfüllen, so würde man dazu die Masse von 1290271 Erdkugeln brauchen; da nun aber die Masse der Sonne in Wahrheit nur 331301mal so groß ist als die Masse der Erde, so kann ihre mittlere Dichte nur etwa ein Viertel von der Erddichte sein, d. h. die Dichte der Sonne ist etwa 1,4mal so groß als die des Wassers. Die Anziehung, die der ungeheure Sonnenball auf die Körper an seiner Oberfläche ausübt, ist so groß, daß ein Kilogrammgewicht auf der Oberfläche der Sonne, auf eine Federwage gelegt, so stark angezogen würde, daß der Zeiger der Wage auf 27 k 625 g zeigen würde.

Betrachtet man die Sonne durch ein Fernrohr, so erscheint ihre Oberfläche keineswegs gleichmäßig hell, sondern hat nach Langleys Untersuchungen ein Aussehen wie etwa hell von der Sonne beschienene Gewitterwolken. Jede dieser wolkenähnlichen Bildungen, auf welchen man noch zahlreiche dunklere Fleckchen bemerkt, lösen sich, wenn man sie bei sehr günstigem Luftzustand mit Anwendung einer starken Vergrößerung betrachtet, in eine sehr große Anzahl leuchtender Körperchen auf, die durch dunklere Zwischenräume voneinander getrennt sind. Von den verschiedenen Beobachtern sind für dieses körnige Aussehen der Sonnenoberfläche, die sogenannte Granulation, die mannigfaltigsten Vergleiche aufgestellt worden; so findet Herschel, daß dadurch die Oberfläche der Sonne aussähe wie die gefurchte Schale einer Orange, Secchi vergleicht sie mit dem Aussehen von grobem Löschpapier unter dem Mikroskop, Dawes mit dem von aufgeschüttetem Häcksel, Nasmyth mit Weidenblättern u. s. f. Janssen in Meudon bei Paris hat vortreffliche Photographien der Sonne angefertigt, welche die Granulation prächtig zeigen; Figur 1 stellt einen Teil einer solchen unter so starker Vergrößerung dar, daß danach das ganze Sonnenbild nahe $^1/_2$ Meter im Durchmesser haben müßte. Auch will man bemerkt haben, daß diese Lichtkörner sich wieder aus kleineren, leuchtenden Punkten zusammensetzen und daher ihre vielfach unregelmäßige Gestalt haben, doch dürfte ein strenger Unter-

Fig. 1. Granulation der Sonne.

schied zwischen diesen Punkten und den Körnern nicht zu machen, sondern wohl besser beide als gleichartige nur in der Größe verschiedene Gebilde zu betrachten sein. Von letzterer erhalten wir einen Begriff, wenn wir die Durchmesser dieser Lichtknoten nach den Schätzungen verschiedener Beobachter zwischen 200—700 Kilometer schwankend annehmen. Jedenfalls sind dieselben die eigentlichen Lichtspender, und Janssen meint, daß, wenn zwischen denselben das dunkle Geäder nicht vorhanden wäre, die Sonne 10—20mal heller leuchten würde. Derselbe hat auch an seinen Sonnenphotographien nachweisen können, daß die Granulation in einzelnen Teilen scharf und deutlich, in dazwischen liegenden verschwommen (oft bis zum völligen Verschwinden der Körner) ist, wodurch das entsteht, was er das „photosphärische Netz“ nennt. Man pflegt nämlich die ganze dem Auge sich als Sonnenoberfläche darstellende Schicht als Photosphäre zu bezeichnen, und die dieselbe bildende Substanz scheint in beständiger, ziemlich heftiger Bewegung zu sein, wodurch die Körner stellenweise ganz aufgelöst werden. Diese Bewegung zeigt sich besonders deutlich an den oben erwähnten dunkleren Fleckchen, welche sich unter starker Vergrößerung als rundliche, dunkle Oeffnungen darstellen, sogenannte Poren, an deren Rändern die Körner sich zu drängen und zu schieben scheinen, so daß die Poren sich entweder schließen oder zu den bekannten Sonnenflecken erweitern.

Ein Sonnenfleck besteht im wesentlichen aus einem dunkeln, centralen Teil, dem Kernfleck, und einem größeren ihn umschließenden Hofe, dem Halbschatten oder der Penumbra, welche nach außen hin im großen und ganzen die Konturen des Kernflecks zeigt; das Ganze stellt meist ein rundliches Gebilde dar, doch sind auch langgestreckte Flecke recht häufig. Der Kernfleck ist keineswegs schwarz, sondern meist von grauer Färbung, in demselben treten gelegentlich einzelne besonders dunkle Punkte deutlich hervor; viel heller als derselbe ist die Penumbra, deren hellgraue Färbung bei stärkerer Vergrößerung hellere und dunklere Streifen erkennen läßt, die radial zum Kernfleck verlaufen. Die Helligkeit eines solchen findet Vogel etwa gleich $^1/_{16}$ der eines gleichgroßen Stückes der Photosphäre, während das Verhältnis der Helligkeit der letzteren zu der der Penumbra etwa wie 3 zu 2 ist. Nach Langley übertrifft ein Kernfleck den Vollmond an Helligkeit um das 500fache, nach Zöllner gar 4000mal. Die Größe der Flecke ist außerordentlich verschieden, Flecke von 7000—10000 Kilometer Durchmesser sind nicht selten, aber es kommen auch solche vom 10fachen

Durchmesser vor. Figur 2 stellt einen von Lohse in Potsdam am 30. Mai 1881 beobachteten großen Sonnenfleck dar, der durch eindringende Lichtmassen mehrfach geteilt erscheint. Ein Sonnenfleck ist nämlich beständigen, meist ziemlich schnellen Veränderungen unterworfen, die nicht nur seine äußere Gestalt betreffen, sondern auch völlige Zerreißungen und Auflösungen des Fleckes in eine Fleckengruppe zur Folge haben. Im Kernfleck zeigen sich gelegentlich wolkenartige, zarte Gebilde (in Figur 2 im rechten Kernfleck), die zuweilen eine

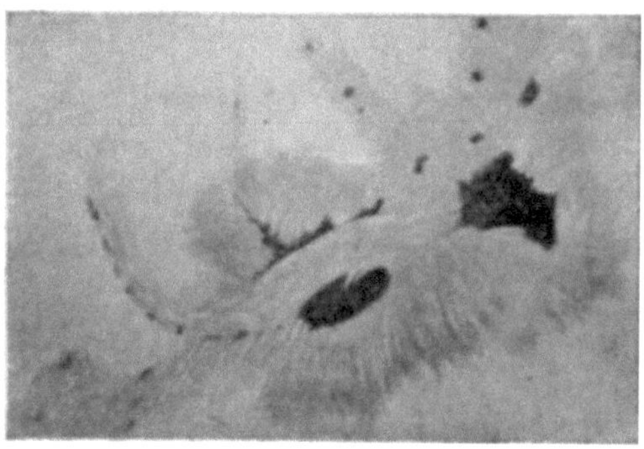

Fig. 2. Sonnenfleck (nach Lohse).

rötliche Färbung zeigen, dann schießen wieder von der Penumbra Ströme durch den Kernfleck, die eine Lichtbrücke über denselben bilden, wie solche der linke Teil des Flecks in Figur 2 sehr schön zeigt. Dadurch wird vielfach die Zerteilung und damit allmähliche Auflösung des Flecks eingeleitet, doch tritt auch gelegentlich der entgegengesetzte Fall ein, daß mehrere kleine, benachbarte Flecke sich zu einem großen zusammenschließen.

Die Flecke folgen im wesentlichen der Rotation der Sonne um ihre Achse, wobei sich Fleckengruppen bei längerem Bestehen in Reihen parallel zum Sonnenäquator anzuordnen pflegen. Nähert sich ein Fleck dem Sonnenrande, so verbreitert sich die Penumbra allmählich auf der dem Rande zugekehrten Seite etwas, während sie auf der entgegensetzten Seite schmäler wird und der Kernfleck ebenfalls langsam anfängt, schmäler zu werden. Endlich ist die Penumbra auf der vom Sonnenrand abgekehrten Seite ganz verschwunden, während sie auf der anderen Seite noch breit erscheint; je näher nun der Fleck dem Rande rückt, desto schmäler erscheinen Kernfleck und Penumbra, bis endlich ersterer ganz verschwindet, während letztere erst kurz vor der Berührung mit dem Rande unsichtbar wird. Dieselben Erscheinungen wiederholen sich in umgekehrter Reihenfolge beim Auftauchen eines Flecks am Sonnenrande. Der ganze Vorgang erweckt den Eindruck, als ob die Flecke trichterförmige Vertiefungen in der Photosphäre seien, und einige Beobachter haben durch Messungen die Länge der Seitenwände eines solchen Trichters zu 5—6000 Kilometer bestimmt.

Wenn auch aus dem Altertum vereinzelte Beobachtungen vorliegen, die wohl zweifellos sich auf das Erscheinen besonders großer Sonnenflecken beziehen, so datiert doch die eigentliche Entdeckung derselben erst seit der Erfindung des Fernrohrs. Zuerst mit einem solchen, Anfang des Jahres 1611, gesehen hat sie wohl der ostfriesische Pfarrerssohn Johann Fabricius. Im März desselben Jahres sahen sie der Jesuitenpater Scheiner in Ingolstadt und Galilei, welche darüber in einen heftigen Prioritätsstreit gerieten. Wenn letzterer aber zu Gunsten von Scheiner zu entscheiden ist, so gebührt doch Galilei das unzweifelhafte Verdienst, sie zuerst als Gebilde der Sonnenoberfläche erkannt zu haben, während Scheiner sie zunächst für sonnennahe Planeten hielt. Von da ab wurden die Sonnenflecken recht eifrig beobachtet, und 1775 sprach Horrebow die Vermutung aus, daß die Flecke in Bezug auf die Häufigkeit ihres Erscheinens eine gewisse Periodicität zeigen, d. h. daß in einigen Jahren besonders viele, in anderen besonders wenige Flecke sich zeigen. Diese Vermutung wurde in diesem Jahrhundert durch die sorgfältigen Untersuchungen Schwabes bestätigt, und nachdem Wolf in Zürich die gesamten Sonnenfleckenbeobachtungen bearbeitet hatte, fand er, daß die Minima, d. h. die Zeiten, in denen die wenigsten Flecke sichtbar sind, nach 11 Jahren und 108 Tagen, die Maxima, also die Zeiten, in denen die meisten Flecken beobachtet werden, nach 11 Jahren und 104 Tagen wiederkehren, doch schwankt die Periode der Minima um $1\frac{1}{2}$, die der Maxima um 2 Jahre in ihrer Länge. Außerdem scheint noch eine große Periode vorhanden zu sein in Bezug auf die Anzahl der Flecke in den Maximaljahren, doch schwanken die Angaben über deren Länge zwischen 55 und 83 Jahren. Auch wenn man die Flecken nicht nach ihrer Anzahl, sondern nach ihrem Flächeninhalt ordnet, ergiebt sich eine 11jährige Periode, wobei bemerkt sei, daß auch zur Zeit eines Fleckenmaximums der von den Flecken bedeckte Raum noch nicht $\frac{1}{500}$ der sichtbaren Sonnenhalbkugel beträgt. Diese 11jährige Periode der Sonnenflecke hat man zu den verschiedensten anderen Vorgängen in Beziehung setzen wollen, doch ist bisher nur sicher nachgewiesen, daß die Deklinationsänderungen der Magnetnadel für einen Ort auf der Erde zu denselben Zeiten wie die Maxima und Minima der Sonnenflecke ihre größten und kleinsten Werte erreichen, und daß fernerhin die Häufigkeit der Nordlichter mit der der Sonnenflecke gleichen Schritt hält. Sehr wahrscheinlich ist auch, daß sich die mittlere Jahrestemperatur eines Erdortes entsprechend der Fleckenzu- oder -abnahme verringert oder erhöht. Dagegen ist die Abhängigkeit von Luftdruck-, Regen- und Windverhältnissen, von Erdbeben und Vulkaneruptionen rc. als unerwiesene Behauptung zu bezeichnen.

Die Flecken treten nun nicht auf der ganzen Sonnenoberfläche gleichmäßig auf, sondern fast immer in einem Gürtel, welcher nördlich und südlich vom Sonnenäquator liegt und im Verhältnis etwas breiter ist als die heiße Zone unserer Erde, doch werden vereinzelte Flecke auch außerhalb dieser Gegend, ja bis gegen die Pole hin beobachtet. Innerhalb dieser Zone will Carrington eine ganz eigentümliche Bewegung der Flecke wahrgenommen haben; nach seinen Untersuchungen bilden sich in der Zeit nach einem Minimum die Flecken nahe der äußeren Grenzen dieser Zone und wandern, während sie der Sonnenrotation folgen, langsam gegen den Sonnenäquator hin, bis in den letzten Jahren vor dem nächsten Minimum Flecken fast nur noch in der nächsten Umgebung des Aequators zu finden sind; ist das Minimum jedoch vorüber, so zeigen sich die Flecken wieder an den äußeren Grenzen der Zone. Unter Berücksichtigung dieser Eigenbewegung der Flecke kann man aus ihnen die Dauer der Sonnenrotation ableiten, wobei sich das merkwürdige Resultat ergiebt, daß man je nach der Entfernung der Flecke vom Aequator verschiedene Werte für die Rotationsdauer erhält. Denkt man sich die Sonne mit einem ebensolchen Netz von Breitenkreisen überzogen, wie unsere Erde, die man auch vom Aequator nach den Polen zu als nördliche und südliche Breite unterscheidet, so ergiebt sich die Rotationsdauer der Sonne in den verschiedenen nördlichen oder südlichen Breitengraden derselben aus folgender Tabelle:

Sonnenbreite in Graden	Rotationszeit in Tagen
0°	25,1
10°	25,3
20°	25,7
30°	26,5
40°	27,7

Ueber 40° Breite hinaus läßt sich die Rotationsdauer aus Flecken nicht bestimmen, weil dieselben in den höheren Breiten zu selten vorkommen.

Mit den Flecken scheinen die sogenannten Sonnenfackeln in einem gewissen Zusammenhang zu stehen, wenigstens zeigen sich diese flammenförmig gekrümmten, durch helleres Leuchten aus der Granulation, manchmal mit scharfen Konturen hervortretenden Gebilde fast stets in der Umgebung der Flecke. Kann man sie unter günstigen Verhältnissen bis gegen den Rand hin verfolgen, so macht es den Eindruck, als ob die Fackeln wulstartig über die Photosphäre hervorragten. Ein Fleck von einem Fackelkranz umgeben erscheint da zuweilen wie der Krater eines feuerspeienden Berges, von dem allseitig glühende Lavaströme abfließen. Dafür, daß Flecke und Fackeln in einer gewissen Wechselbeziehung zu einander stehen, spricht der Umstand, daß an den Stellen, wo Fackelgruppen erscheinen, sich häufig bald darauf ein Fleck bildet, und ebenso zeigen sich Fackeln meistens an den Stellen, wo sich Flecke aufgelöst haben. Figur 3 stellt eine von George Hale in Nordamerika mit dem von ihm erfundenen Spektroheliographen aufgenommene Sonnenphotographie dar, welche die am 16. April 1893 auf der Sonne sichtbaren Fackeln vollständig und mit großer Deutlichkeit zeigt. Die hellsten Fackelgruppen umgaben (in der Figur nicht sichtbare) Sonnenflecke, lagen also in der für diese Gebilde charakteristischen Zone zu beiden Seiten des Sonnenäquators, der in der Figur markiert ist; man sieht aber auch, daß die Fackeln nicht an die Fleckenzone gebunden sind, sondern sich unabhängig von den Flecken bis

Fig. 3. Sonnenfackeln und Protuberanzen am 16. April 1893.

zu den Polen erstrecken, ja man will bemerkt haben, daß die zwischen dem 45. und 60. Breitengrad der Sonne auftretenden Fackeln gegenüber der sonst diesen Gebilden eigenen großen Veränderlichkeit eine merkwürdige Beständigkeit besitzen. J. Wilsing in Potsdam hat aus der Bewegung der Fackeln die Rotationszeit der Sonne abzuleiten versucht und ist dabei zu dem Resultat gekommen, daß die Fackeln für alle Breiten der Sonne dieselbe Rotationsdauer ergeben.

§ 2. Die Beobachtungen am Rand und in der Umgebung der Sonne.

Die im vorigen Paragraphen beschriebenen Erscheinungen sind jederzeit unter günstigen Bedingungen auf der Sonne sichtbar; bedeckt dagegen bei einer totalen Sonnenfinsternis[1] der Mond die sichtbare Sonnenscheibe vollständig, so zeigen sich eine Anzahl neuer Phänomene. Zunächst wird um die verdunkelnde Mondscheibe eine mehr oder minder hell leuchtende Strahlenkrone, eine Art Heiligenschein von unregelmäßiger Gestalt sichtbar, die sogenannte Corona der Sonne; in diese ragen an verschiedenen Stellen, vom Mondrande ausgehend, einzelne in rötlichem Lichte strahlende Erhebungen oder Protuberanzen hinein, welche aus einer ganz schmalen entweder den ganzen Mondrand oder doch einen großen Teil desselben umgebenden ebenfalls rötlichen Schicht — nach Lockyers Vorschlag die Chromosphäre genannt — herauszuwachsen scheinen. Bei der totalen Sonnenfinsternis vom 18. Juli 1860 gelangen die ersten photographischen Aufnahmen von Protuberanzen; dabei zeigten sich Protuberanzen auf den Platten, die mit bloßem Auge nicht sichtbar waren, also nur aus chemisch wirksamen Strahlen bestanden. Bei der Finsternis vom 18. August 1868 gelang es Janssen auf einer Beobachtungsstation in Vorderindien mittelst des Spektroskops die Protuberanzen auch nach Beendigung der

[1] Ueber die Bedingungen, unter denen eine solche entsteht, siehe „Astronomie von A. F. Möbius“, (Sammlung Göschen Nr. 11).

Finsternis zu sehen. Am 20. Oktober desselben Jahres glückte Lockyer in England ganz unabhängig davon eine ähnliche Beobachtung, während Zöllner schon mehrere Monate vor Janssens Entdeckung die Theorie einer Methode angegeben hatte, um mittelst des Spektroskops Protuberanzen auch ohne Finsternis beobachten zu können, worauf wir im nächsten Paragraphen ausführlicher zurückkommen. Seitdem werden Protuberanzen und Chromosphäre regelmäßig beobachtet.

Die Form der Chromosphäre ist eine verschiedenartige. Häufig zeigt sie sich als heller, den Sonnenrand umgebender Lichtstreifen, dessen Leuchtkraft nach außen allmählich abnimmt, so daß sie unmerklich in den Raum um die Sonne überzugehen scheint. Dann wieder gleicht ihr Aussehen einem langhaarigen Pelz (im Durchschnitt betrachtet) oder einem wogenden Kornfeld, oder einer brennenden Heide mit unzähligen Flämmchen übersät. Die Dicke der Chromosphäre kann man im Durchschnitt zu 7000 bis 11000 Kilometer annehmen. Gelegentlich zeigen sich auf derselben lichtglänzende Anhäufungen, diese bilden den Uebergang der Chromosphäre in

Die Protuberanzen. Diese kann man nach dem oben Gesagten einteilen in solche, die das Auge wahrzunehmen vermag, und solche, die nur aus chemisch wirksamen Strahlen bestehen. Richtiger wäre wohl die Trennung in Protuberanzen, die aus Wasserstoff, und solche, die aus Metalldämpfen bestehen. Secchi gliedert sie der Form nach in Haufen-, Nebel-, Strahlen- und Büschelprotuberanzen, doch ist diese Einteilung schon deshalb bedenklich, weil die Gestalt sich beständig ändert, ganz abgesehen davon, daß bei dem kolossalen Reichtum an Protuberanzenformen ein strenges Auseinanderhalten der obigen vier Gruppen ganz unmöglich ist. Die einfachsten Formen der Protuberanzen bilden die schon erwähnten glänzenden hügeligen Anhäufungen der Chromosphäre, welche eine durchschnittliche Höhe von rund 20 000 Kilometern haben, aber gelegentlich auch Höhen von 30 000 bis 35 000 Kilometern erreichen. Zuweilen schießen aus ihnen einzelne glänzende Flammen hervor, die vielfach wie aus mehreren Fäden zusammengesetzt erscheinen. Bald kerzengerade, bald leicht gekrümmt steigen in senkrechter oder schräger Richtung zum Sonnenrande Strahlen empor, die sich in leichte Wölkchen an ihrer Spitze auflösen oder gelegentlich wieder zur Sonne zurücksinken wie ein prächtiges Feuerwerk oder ein feuriger Springbrunnen. Derartige schöne Erscheinungen sind oft nach einer Viertelstunde schon wieder verschwunden, um vielleicht nach einer weiteren halben Stunde an derselben Stelle, wenn auch minder hoch, wieder empor zu schießen. Diese Protuberanzenform, die meist in der Nähe von Flecken auftritt, zeichnet sich durch große Veränderlichkeit und schroffen Formenwechsel aus. Dagegen sind diejenigen Protuberanzen, welche größere Flächen bedecken und sich in breiterer Gestalt entwickeln, viel beständiger. Die hierbei auftretenden Formen sind von größter Mannigfaltigkeit. Bald gleichen sie ungeheuren Pilzen, bald stellen sie hakenförmige Gebilde dar oder ähneln einem Schornstein, bei welchem der Wind den Rauch scharf zur Seite treibt. Dann sind sie wieder einer Reihe Bäume zu vergleichen, deren Kronen ineinander verschlungen sind, und ein anderes Mal zeigen sie Formen wie die Windwolken in der Erdatmosphäre. Gelegentlich verschwinden die Verbindungsstücke mit dem Sonnenrand gänzlich, und man sieht dann freischwebende Wolken oder Nebelmassen. Schrauben- und wirbelförmige Windungen in den Protuberanzen sind häufig beobachtet worden. In Figur 3 erscheinen die verschiedensten Protuberanzenformen, wenn auch bei der Kleinheit nicht besonders gut erkennbar; sehr deutlich aber sieht man, daß die Protuberanzen teils einzeln auftreten, teils in Gruppen vereinigt, die 20 und mehr Grade der Sonnenperipherie umfassen. Auch sind sie ihrem Vorkommen nach keineswegs an bestimmte Zonen gebunden, sondern finden sich auf allen Teilen des Sonnenrandes vom Aequator bis zu den Polen.

Was die Höhe der Protuberanzen anbetrifft, so sind über die niedrigeren Formen oben schon Größenangaben gemacht. Eine der höchsten Protuberanzen, die überhaupt beobachtet sind, ist die am 20. September 1893 zu Kalocsa in Ungarn gemessene, welche eine Höhe von fast 500000 Kilometern, d. h. von rund 39 Erddurchmessern erreichte. Natürlich sind derartig hohe Gebilde viel länger sichtbar als niedrige, weil sie noch über den Rand der Sonne hervorragen, auch wenn sie schon weit vor oder hinter demselben stehen. Für Protuberanzen mittlerer Höhe dauert es in der Aequatorgegend 2 bis 3 Tage, bis sie durch die Rotation verdeckt werden, nahe am Pol dagegen will man sie 14 Tage lang gesehen haben. Derartige Beobachtungen sind deshalb schwierig, weil man am folgenden Tag nie weiß, ob man noch die Protuberanz vom Tage vorher vor sich hat oder nicht. Im allgemeinen wird eine Protuberanz rascher durch ihre Vergänglichkeit als durch die Sonnenrotation unsichtbar werden.

Bei der Corona der Sonne ist es bis jetzt trotz eifrigsten Bemühens nicht gelungen, sie außerhalb der nur wenige Minuten umfassenden Zeiten der totalen Verfinsterungen noch zu sehen, weshalb unsere Kenntnis über dieselbe im ganzen eine recht mangelhafte ist. Nach den Angaben der verschiedensten Beobachter kann man etwa folgende allgemeine Grundform für die Corona annehmen. Den verdunkelnden Mond umgiebt zunächst ein ziemlich schmaler Lichtring von oft so blendender Helligkeit, daß er das genaue Beobachten von Beginn und Ende der Totalität sehr erschweren kann; dann folgt eine etwa zwölfmal breitere Region von weißem, perlmutterartigem Glanz, und an diese schließt sich eine noch breitere Zone, deren Helligkeit nach außen schnell abnimmt, und die sich ohne sichtbare Grenze gegen den Himmelshintergrund verliert. Aus dem perlmutterweißen Ring schießen Strahlen hervor, die sich oft weit in den Weltenraum erstrecken und der im ganzen rundlich gestalteten Corona ein unregelmäßiges Aussehen verleihen. Bei photographischen Aufnahmen erscheint die Corona abgerundeter, die Strahlen sind auf den Platten entweder gar nicht oder nur in schwacher Andeutung sichtbar, was entweder daher rührt, daß das von diesen Strahlen ausgehende Licht chemisch unwirksam ist oder wenigstens eine längere Expositionsdauer, als man sie wegen der kurzen Zeitdauer der Totalität anwenden kann, verlangt. Jedenfalls sind die bei den verschiedensten Finsternissen von geübten Beobachtern immer wieder gesehenen Strahlen so sicher konstatiert, daß an ihrer Existenz nicht zu zweifeln ist, wenn auch andererseits nicht geleugnet werden kann, daß bei der Kürze der Beobachtungszeit und der unvermeidlich damit verbundenen Erregung der Beobachter, sowie bei der meist sehr großen Veränderlichkeit der genannten Ausstrahlungen subjektive Auffassungen der Form der Corona sich sehr stark geltend machen.

Zur Illustration des Gesagten diene Figur 4, welche sechs verschiedene Darstellungen der am 29. Juli 1878 in Nordamerika beobachteten totalen Sonnenfinsternis giebt, bei welcher die totale Verdeckung der Sonnenscheibe 3 Minuten dauerte. Die Zeichnungen A, B und C rühren von drei älteren Studenten der Universität New York her, welche auf

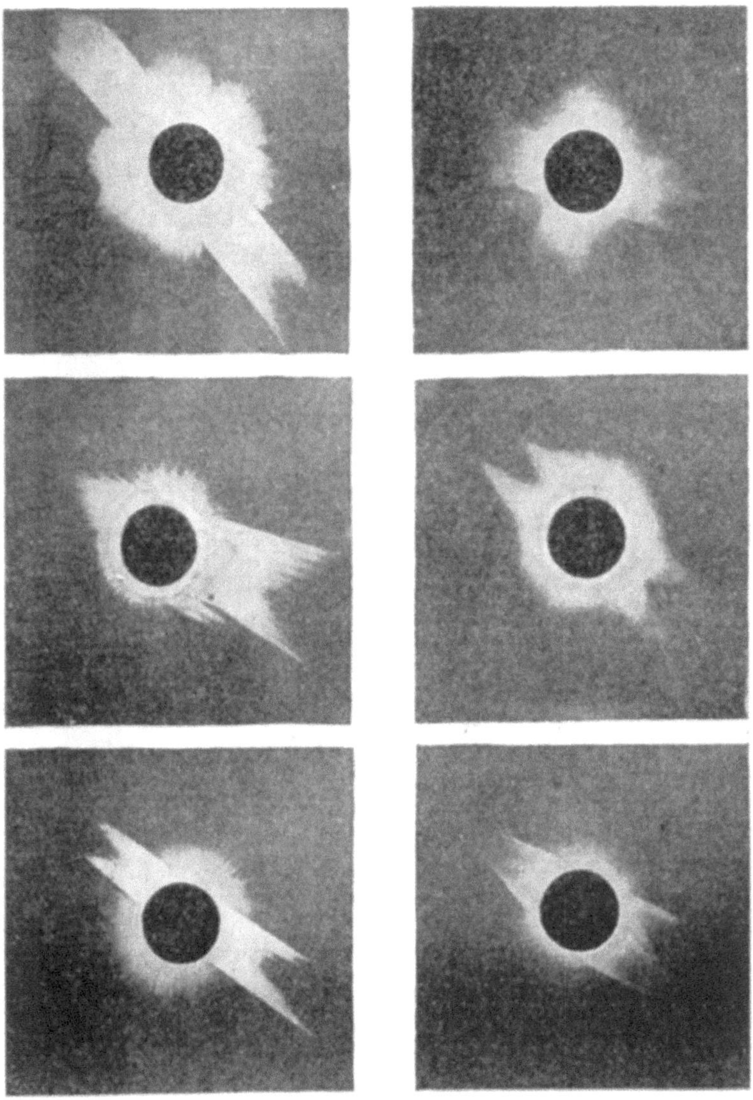

Fig. 4. Totale Sonnenfinsternis vom 29. Juli 1878.

einem Hügel bei Central City im Staate Colorado so dicht bei einander stationiert waren, daß alle das Ticken ein und derselben Uhr deutlich hören konnten. Die Verfertiger der Zeichnungen A und B benützten außer dem bloßen Auge jeder noch einen sogenannten Operngucker, die Zeichnung C stellt nur den Anblick mit bloßem Auge dar. Dasselbe gilt von den Figuren D und E, welche von zwei Amateuren in Denver, das dicht bei Central City, aber 1200 Meter tiefer liegt, angefertigt wurden. Figur 4 F endlich ist eine Zusammenstellung aller Details, welche sich auf den verschiedenen photographischen Aufnahmen, die in Central City und mehreren anderen Stationen während der Totalität gemacht wurden, vorfinden.

§ 3. Das Spektrum der Sonne und ihrer einzelnen Teile.

Wenn man — etwa mittelst eines Spiegels — Sonnenlicht auf den Spalt eines Spektralapparates wirft, so fällt Licht von allen Teilen der Sonne auf denselben, und durch Zerlegung desselben erhält man das sogenannte mittlere Sonnenspektrum. Von den vielen Untersuchungen desselben sind die genauesten einmal die in Potsdam von Vogel, Müller und Kempf angestellte, welche in einem Katalog von 4020 Wellenlängen[1] zwischen 389,5 $\mu\mu$ und 692,4 $\mu\mu$ enthalten ist, und zweitens die von Rowland in Amerika gemachte, der zwischen 372,2 $\mu\mu$ und 591,4 $\mu\mu$ die Wellenlängen von 11372 Linien bestimmte. Diese beiden Arbeiten erstrecken sich noch nicht einmal über die ganze Länge des dem Auge wahrnehmbaren Teiles des Sonnenspektrums, welches sich aber noch weit ins Ultraviolett und Ultrarot fortsetzt. Cornu und Huggins haben den ultravioletten Teil des Sonnenspektrums bis Strahlen von 295 $\mu\mu$ verfolgen können; derselbe erstreckt sich zweifellos noch viel weiter,

[1] Ueber Wellenlängen und ihre Bezeichnung siehe Einleitung.

aber die Atmosphäre unserer Erde läßt Strahlen von noch kürzeren Wellenlängen nicht mehr hindurchdringen. In den ultraroten Teil des Sonnenspektrums ist Langley mittelst seines Bolometers am weitesten vorgedrungen, indem er die Wellenlängen wenigstens der breiteren Absorptionsstreifen bis zu 2030 $\mu\mu$ bestimmen konnte.

Durch Vergleichung der Wellenlängen der Linien im Sonnenspektrum mit denen der Spektrallinien irdischer Substanzen hat man bestimmt, welche Stoffe auf der Sonne vorkommen. Danach sind von folgenden 33 Elementen jedesmal so viel Linien mit solchen im Sonnenspektrum identifiziert, wie die hinter dem Element stehende Zahl angiebt, wobei das Zeichen > vor einer Zahl andeutet, daß höchst wahrscheinlich noch mehr Coincidenzen, als die betreffende Ziffer angiebt, für diesen Stoff vorhanden sind.

Element	Linien
Eisen	> 1150
Kohlenstoff	574
Chrom	408
Titan	394
Nickel	225
Mangan	214
Kobalt	178
Vanadium	118
Zirkon	94
Calcium	75
Lanthan	50
Cer	32
Yttrium	19
Neodymium	14
Skandium	14
Barium	11
Magnesium	11
Natrium	> 9
Silicium	9
Strontium	8
Palladium	5
Wasserstoff	5
Molybdän	4
Blei	3
Uran	3
Zink	3
Aluminium	2
Cadmium	2
Indium	2
Kalium	2
Silber	1
Thallium	1
Wolfram	1

Diese Stoffe wären demnach sicher auf der Sonne vorhanden, doch können auch sehr wohl noch andere Stoffe, z. B. Metalloide und ihre Verbindungen, auf der Sonne existieren, ohne daß das Sonnenspektrum dies verrät; denn Versuche haben gelehrt, daß, wenn in einem glühenden Gasgemenge neben Metalldämpfen auch solche anderer Stoffe vorhanden sind, die Spektren dieser letzteren meistens ganz durch die der Metallspektren verdeckt werden. Und thatsächlich ist wiederholentlich das Vorkommen von Sauerstoff, Kohlenwasserstoff und Cyan auf der Sonne behauptet worden, ohne daß sich indessen ein vollgültiger Beweis dafür hätte erbringen lassen.

Man hat nun auch versucht, auf spektroskopischem Wege die Rotationsgeschwindigkeit der Sonne zu bestimmen, denn da sich die Teile des einen Sonnenrandes auf den Beobachter zu die des andern von ihm wegbewegen, so kann die Drehungsgeschwindigkeit der Sonne an den verschiedenen Punkten ihres Randes mit Hilfe des Dopplerschen Prinzips[1] ermittelt werden. Diese Untersuchung ist wegen der langsamen Rotation der Sonne sehr schwierig, weshalb es nicht zu verwundern ist, daß die gewonnenen Resultate starke Abweichungen zeigen. Crew in Amerika fand die Rotation der Sonne in allen ihren Breiten gleichmäßig zu 26, 23 Tagen, während eine sehr sorgfältige Untersuchung von Dunér in Schweden für die verschiedenen Breitengrade der Sonne immer andere Werte für die Umdrehungszeit lieferte. Er fand folgende Größen dafür:

[1] Siehe „Astronomie von A. F. Möbius“ (Sammlung Göschen 11), 9. Auflage, § 22.

Sonnenbreite in Graden	Rotationszeit in Tagen
0	25,46
15	26,35
30	27,56
45	30,02
60	33,90
75	38,54

Diese Tabelle stimmt im wesentlichen mit der auf Seite 22 gegebenen überein, bestätigt also das aus den Sonnenflecken gefundene Resultat, während das von Wilsing aus den Sonnenfackeln berechnete Ergebnis in der Hauptsache der Crewschen Arbeit entspricht.

Das bisher besprochene mittlere Sonnenspektrum ist zugleich als das Spektrum der sogenannten Photosphäre und der unmittelbar über dieser gelagerten umkehrenden oder absorbierenden Schicht in der Art anzusehen, als die Photosphäre ein kontinuierliches Spektrum aussendet, während die jene absorbierende Schicht bildenden Gase und Dämpfe die dunkeln Linien hervorrufen. Bei totalen Sonnenfinsternissen haben verschiedene Beobachter im Moment, wo der Mond den letzten Rest der leuchtenden Sonnenscheibe verdeckte, die dunkeln Linien des Sonnenspektrums hell aufleuchten sehen. Bei der verhältnismäßigen Dünne der umkehrenden Schicht (Pulsifer schätzt ihre Dicke auf 900 Kilometer) dauert diese Beobachtung nur so kurze Zeit, daß es nicht möglich ist zu konstatieren, welche Linien hell aufleuchten; doch haben die verschiedenen Beobachter den Eindruck gehabt, als ob es alle seien.

Die einzelnen Teile der Sonnenoberfläche und -umgebung

zeigen vielfach ein vom mittleren Sonnenspektrum abweichendes Spektrum, so daß ihr spektroskopisches Verhalten besondere Erwähnung verdient.

Das Spektrum der Sonnenflecke zeigt gegen das mittlere Sonnenspektrum eine sehr vermehrte Absorption, indem die dunkeln Linien des letzteren auf dem Fleck in großer Zahl verbreitert erscheinen. Welche Linien und wie viele dieses Verhalten zeigen, ist bei jedem Fleck etwas verschieden, weshalb sich in dieser Hinsicht kein allgemeines Schema dafür anführen läßt. Daß es vorwiegend die Eisenlinien sind, die im Fleckenspektrum breiter erscheinen, hat wohl seinen Grund hauptsächlich darin, daß die meisten Linien im Sonnenspektrum dem Eisen angehören. Speciell den Eisenlinien dagegen scheint das im Fleckenspektrum häufig beobachtete einseitige Verwaschensein eigentümlich zu sein, d. h. die Eisenlinien bleiben auf einer Seite noch scharf begrenzt, wie gewöhnlich, auf der anderen aber gehen sie durch allmähliches Blasserwerden in den hellen Untergrund über. Das deutet an, daß im Fleck Eisenverbindungen in Dampfform auftreten, und diese sind wiederum nur möglich, wenn im Fleck eine niedrigere Temperatur herrscht als auf fleckenfreien Stellen, so daß sich die Gase und Dämpfe daselbst verdichten und die oben erwähnte vermehrte Absorption auftreten muß. Im Gegensatz zu dem eben geschilderten Aussehen der Linien im Fleckenspektrum scheint es zu stehen, daß man gelegentlich bei einigen Flecken beobachtet hat, daß die verbreiterten dunkeln Linien in der Mitte (ihrer Längsausdehnung nach) teilweise hell aufleuchten, und zwar ist dies hauptsächlich an den Wasserstofflinien und vereinzelt an Metallinien (z. B. der breitesten Natriumlinie) gesehen worden. Nach dem, was unten über das Spektrum der Protuberanzen zu sagen ist, kann es keinem

Zweifel unterliegen, daß bei derartigen Aufhellungen sich eine Protuberanz über dem Fleck befindet, ja Professor Tacchini hat einmal bei weit geöffnetem Spalt (siehe unten) eine Protuberanz auf einem Fleck gesehen. Schließlich sei erwähnt, daß Fleckenspektra dadurch manchmal merkwürdig sind, daß sie eine Verzerrung der Linien zeigen, was für das Vorhandensein von auf- und niedersteigenden Strömungen im Fleck spricht; besonders häufig scheint, sich dies Phänomen dann zu zeigen, wenn eine sogenannte Lichtbrücke den Fleck durchkreuzt.

Das Spektrum der Fackeln bietet außer einer Aufhellung des kontinuierlichen Spektrums nichts Merkwürdiges dar; daraus würde folgen, daß sich die Fackeln entweder über das Niveau der Photosphäre erheben oder eine höhere Temperatur als diese besitzen.

Das Spektrum der Chromosphäre besteht gewöhnlich aus wenigen hellen Linien, die dem Wasserstoff angehören, dann einer gelben Linie von 587,6 $\mu\mu$ Wellenlänge, die man wegen ihrer Nachbarschaft mit den beiden Natriumlinien D_1 und D_2 mit D_3 bezeichnet hat, und endlich einer hellen Linie von der Wellenlänge 531,7 $\mu\mu$. Wenn jedoch an einer Stelle eine Protuberanz sich befindet, so zeigt — wohl infolge des Ausbruchs von Gasen aus dem Sonneninnern, welchen eine solche darstellt — das Spektrum der Chromosphäre viele Linien (Young hat 273 bestimmt) der Dämpfe von Eisen, Barium, Calcium, Chrom, Magnesium, Mangan, Natrium und Titan hell. Stellt man den Spalt des Beobachtungsspektroskops radial zum Sonnenrand, so sieht man diese hellen Linien in einer der Höhe der Chromosphäre entsprechenden Länge wie Lanzenspitzen auf der ihnen entsprechenden dunkeln Linien des Sonnenspektrums aufsitzen,

d. h. die hellen Chromosphärelinien schließen sich breit an die letzteren an und werden nach außen zu spitz, was besagen würde, daß die betreffenden Gase nach außen zu an Dichte verlieren. Die D_3-Linie hat keine ihr entsprechende dunkle Linie im Sonnenspektrum, und da dieselbe überhaupt zuerst durch die spektroskopische Beobachtung der Chromosphäre bekannt wurde, so schrieb man sie einem besonderen Stoff — dem Helium — zu. Neuerdings ist derselbe im Cleveït, einem in Schweden verhältnismäßig selten vorkommenden Mineral, gefunden worden. Danach hat sich nun ergeben, daß das Spektrum des Helium noch mehr Linien außer D_3 umfaßt.

Das Spektrum der Protuberanzen ist dem der Chromosphäre vollkommen gleich, nur daß die hellen Linien eine der Ausdehnung der Protuberanz entsprechende Länge annehmen. Dabei kann es vorkommen, daß eine solche helle Linie aus einzelnen Stücken oder ganz losgelöst vom Sonnenrande erscheint, was von der jeweiligen Form der Protuberanz, auf welche gerade der Spalt des Spektroskops eingestellt ist, herrührt. Die Verkrümmungen, die an Protuberanzenlinien gelegentlich beobachtet sind, deuten auf lebhafte Bewegungen der Gase der Protuberanz hin, die zuweilen den Charakter von Wirbeln zeigen. Die Beobachtungsmethode, wie man mittelst des Spektroskops auch ohne Sonnenfinsternis Protuberanzen wahrnehmen kann, beruht auf folgendem: Durch ein Prisma gesehen erscheint eine Lichtquelle, die nur Strahlen von einer Farbe enthält (monochromatisches Licht), in ihrer wahren Gestalt; die hellen Linien eines Gasspektrums sind nun nichts weiter als monochromatische Bilder des Spaltes. Oeffnet man den letzteren verhältnismäßig weit ($^1/_3$ bis $^3/_4$ Millimeter), so verwandelt sich die helle Linie in das Bild der eigentlichen Lichtquelle, d. h. in diesem Falle der Protuberanz oder der

Chromosphäre. Ist eine Protuberanz ungewöhnlich groß, so kann es vorkommen, daß man sie nicht auf einmal durch den Spalt erblicken kann, dann muß man diesen entsprechend verschieben, um die anderen Teile der Protuberanz zu sehen. Ob man bei der Beobachtung den Spalt radial oder tangential zum Sonnenrand stellt, bleibt sich im allgemeinen gleich, nur muß man für gehörige Abschwächung des von der Sonnenscheibe herrührenden Lichtes im Spektroskop sorgen, weil sonst das Auge dadurch geblendet die dagegen ziemlich lichtschwache Protuberanz nicht mehr wahrzunehmen vermag. Prinzipiell ist es gleichgültig, welche helle Linie des Protuberanzenspektrums man zur Beobachtung verwendet, aber in der Praxis zeigt sich doch ein gewisser Unterschied. Gewöhnlich benutzt man die Wasserstofflinien dazu, weil diese stets im Protuberanzenspektrum auftreten, während die Metallinien doch nur zuweilen bei bestimmten Arten von Protuberanzen hell erscheinen; aber auch in den verschiedenen Wasserstofflinien hat ein und dieselbe Protuberanz ein verschiedenes Aussehen, was dadurch zu erklären ist, daß die weiter im Violett auftretenden Wasserstofflinien durch eine höhere Temperatur der Lichtquelle bedingt sind; daraus folgt, daß die heißesten Partien einer Protuberanz erst in den violetten Wasserstofflinien bei Verbreiterung des Spaltes sichtbar werden.

Das Spektrum der Corona ist ein ziemlich helles, kontinnierliches Spektrum, in welchem die Wasserstofflinien und eine Linie im Grün (531.70 $\mu\mu$) hell aufleuchten. Da letztere Linie mit keiner solchen einer irdischen Substanz identisch ist, so bezeichnet man sie als Coronalinie und schreibt ihren Ursprung einem besonderen, auf der Erde bisher nicht aufgefundenem Stoffe, dem Coronium, zu. Mit der Eisenlinie von der Wellenlänge 531.72 $\mu\mu$ ist die

Coronalinie nicht identisch, sondern bildet mit ihr im mittleren Sonnenspektrum eine feine, dunkle Doppellinie. Die dunkelsten Absorptionslinien des letzteren sind übrigens auch schwach im Coronaspektrum sichtbar, was besagen würde, daß ein Teil des Coronalichtes einfach reflektiertes Sonnenlicht ist, was auch durch die Beobachtung, daß ersteres teilweise polarisiert ist, bestätigt wird.

§ 4. Licht- und Wärmeverhältnisse der Sonne.

Da die Sonne an Helligkeit alle den Menschen bekannten und herstellbaren Lichtquellen erheblich übertrifft, so ist es sehr schwer, ein Maß für dieselbe zu finden, und die darüber gemachten Angaben sind durchweg noch ziemlich ungenau. Nahe lag die Vergleichung der Sonne mit dem Vollmond, und diese ist wiederholentlich ausgeführt. Smith setzte die Lichtstärke des Vollmondes der mittleren Helle des Tageshimmels gleich und fand so, daß die Sonne 300000mal heller als der Vollmond sei, einen Wert, den Bouguer vollständig bestätigte, indem er die Intensität von Kerzenflammen mit der von beiden Himmelslichtern verglich. Aus Vergleichung der Schwärze der von den letzteren geworfenen Schatten fand Wollaston 1829 den entschieden zu großen Wert 801072, bei dessen Bestimmung er die verschiedene Höhe beider Gestirne über dem Horizont und die dadurch bedingte verschieden starke Absorption des Lichtes in der Erdatmosphäre nicht berücksichtigt hatte. Verbessert man diesen Fehler, soweit sich das ohne genauere Angaben thun läßt, so ergiebt sich aus Wollastons Messungen der Wert 372450. Bond verglich die Helligkeit der durch Reflektion des Sonnen- und Vollmondlichtes an versilberten Kugeln entstandenen Bilder und fand die des ersteren 470980mal größer als die des letzteren. Zöllner in Leipzig verglich mit seinem Photometer die Helligkeit der Sonne mit der verschiedener Mondphasen und führte die Helligkeit der letzteren durch eine von ihm aufgestellte Formel auf die des Vollmondes zurück, dessen Licht er auf diese Weise 619 600mal schwächer fand als das der Sonne, während eine einzige direkte Vergleichung beider Intensitäten ihren Unterschied zu 542 300 ergab. Die starke Differenz zwischen diesen beiden Werten erklärt sich wohl daraus, daß die Berechnung der Vollmondshelligkeit aus der seiner Phasen eine ziemlich unsichere ist. Die Messungen der beiden letzten Beobachter sind die genauesten.

Sind schon die Vergleichungen zwischen Sonne und Vollmond recht unsicher, so liefern die Messungen der Helligkeitsunterschiede zwischen Sonne und Planeten oder hellen Fixsternen noch schwankendere Werte. Dieselben mögen hier zur Orientierung Platz finden; die Methoden der verschiedenen Beobachter sind dieselben, wie oben angegeben. Die Sonne soll sein

622,6	Mill. mal heller als	Venus i. größt. Glanz		nach Bond
3028,35	" " " "	Jupiter i. mittl. Opposition		
6994	" " " "	Mars " " "		nach Zöllner
5472	" " " "	Jupiter " " "		
130982	" " " "	Saturn " " "	ohne Ring	
8486000	" " " "	Uranus " " "		
79620000	" " " "	Neptun " " "		

In der folgenden kleinen Tabelle sind die Vergleichungen der Sonnenhelligkeit mit der einzelner Fixsterne zusammengestellt.

Beobachter	Sonne Mill.mal	heller als Stern	dessen Größe ist	Helligkeit der Sonne i. d. Entfern. wirkl.	d. Sternes
Wollaston	20000	Sirius	—1,1	—26,9	2,1
Seidel	75000	Wega	0,2	—27,0	4,8
Zöllner	55760	Capella	0,3	—26,6	3,7
Bond	5970,5	Sirius	—1,1	—25,5	3,4
"	24946,5	Wega	0,2	—25,8	6,0
"	52001	Spica	—1,1	—25,7	—
"	74303,5	Fomalhaut	1,3	—25,9	—
"	25586	Regulus	1,3	—24,7	7,1

Die erste Zeile dieser Tabelle würde z. B. folgendermassen zu lesen sein: Wollaston hat gefunden, daß die Sonne 20000 Millionen mal heller leuchtet als der Sirius, dessen Größe —1,1 ist; daraus berechnet sich die Helligkeit der Sonne in Sterngrößen zu —26,9 während sie in der Entfernung des Sirius von der Erde danach wie ein Stern 2,1ter Größe erscheinen müßte. Wie wenig die einzelnen Beobachtungen untereinander stimmen, zeigen die Zahlen der vorletzten Kolumne, welche eigentlich alle gleich lauten müßten. Das einzige, was aus allen Messungen übereinstimmend folgt, ist die viel geringere Größe der Sonne als die der Vergleichssterne, denn obwohl nach dem spektroskopischen Verhalten die betreffenden Sterne sich höchst wahrscheinlich in ähnlichem Glühzustande befinden wie die Sonne, leuchten sie doch viel heller, als diese das in jenen großen Entfernungen thun würde. Die zur Berechnung der Werte in der letzten Kolumne nötigen Entfernungsangaben sind von Seite 49 und 139 der 9. Auflage von der „Astronomie von A. F. Möbius" (Sammlung Göschen Nr. 11) entnommen, in welcher man auch auf Seite 140 die näheren Erklärungen über positive und negative Sterngrößen findet.

Vergleichende Messungen zwischen Sonnen- und Kerzenlicht sind von Bouguer und Wollaston im vorigen Jahrhundert und von Thomson und Exner in neuerer Zeit gemacht worden, auf Grund deren Professor Müller in Potsdam zu der Annahme kommt, daß die von der Sonne hervorgebrachte Erleuchtung einer Fläche, wenn die Sonne im Zenith des Beobachtungsortes steht und sich in ihrer mittleren Entfernung von der Erde befindet, ersetzt werden kann durch die Erleuchtung mittelst 44250 in einem Meter Entfernung von der Fläche aufgestellter deutscher Normalkerzen[1], während man 53100 solcher Kerzen anwenden müßte, wenn das Sonnenlicht unter den obigen Verhältnissen nicht erst durch die Erdatmosphäre hindurchgehen müßte, sondern ungeschwächt auf die Fläche fallen könnte. Aus der ersteren Zahl würde folgen, daß man die Lichtwirkung der Sonne auf unsere Erde ersetzen könnte, wenn man an Stelle der Sonne 1186 Quadrillionen deutscher Normalkerzen zu setzen vermöchte. Tumlirz berechnet aus Langleys Messungen über Wärmestrahlung der Sonne, daß 820 Quadrillionen deutscher Normalkerzen für den gedachten Zweck ausreichen würden; man sieht daraus, wie schwankend diese Angaben noch sind.

Fragt man nach der mittleren scheinbaren Helligkeit der Sonnenoberfläche, d. h. danach, wie viel ein unserem Auge ebenso groß wie die Fläche einer irdischen Lichtquelle in bestimmter Entfernung vom Auge erscheinendes Stück der Sonnenoberfläche heller leuchtet als eben jenes künstliche Licht, so ergiebt sich aus der oben mitgeteilten ersten Müllerschen Zahl, daß die scheinbare Helligkeit der Sonne 195060mal

[1] Ueber „deutsche Normalkerze“ siehe Einleitung.

größer ist als die einer deutschen Normalkerze in 1 Meter Entfernung vom Auge. Ferner fanden Fizeau und Foucault, daß die scheinbare Helligkeit der Sonne 146mal die des Drummond-Kalklichtes und 3mal die des elektrischen Flammenbogens übertrifft, während Langley sie 5300mal stärker setzt, als das von geschmolzenem Eisen ausgestrahlte Licht.

Diese eben angegebenen Werte beziehen sich auf die mittlere Helligkeit der sichtbaren Sonnenscheibe, welche durchaus nicht in allen ihren Teilen mit gleicher Intensität leuchtet. Diese nimmt vielmehr nicht nur für Licht-, sondern auch für chemische und Wärme-Strahlen nach dem Rande zu erheblich ab, wie die folgende kleine Tabelle lehrt, in der jedesmal die Wirkung der betreffenden Strahlen im Sonnencentrum gleich 100 gesetzt ist. Der Sonnenradius ist dabei als in 10 Teile geteilt angenommen, derart, daß der Nullpunkt im Centrum der Sonnenscheibe liegt und der Teilpunkt 10 den Rand bedeutet.

Teile des Radius	Intensitäten der				
	chemischen	violetten	grünen	roten	Wärme-Strahlen
0	100,0	100,0	100,0	100,0	100,0
2	98,7	98,5	98,7	99,5	99,3
4	94,2	93,4	94,3	98,0	97,0
6	82,9	82,4	86,2	94,8	92,0
8	59,6	63,7	70,9	84,3	81,1
9	39,5	47,7	56,6	71,0	69,9
10	13,5	13,0	16,0	30,0	39,5

Dabei sind für die Intensitäten in den vier ersten Kolumnen die von H. C. Vogel gefundenen Zahlen aufgeführt, während für die Wärmestrahlen die Mittelwerte angegeben sind, wie sie sich aus den sehr gut untereinander übereinstimmenden Messungsreihen von Secchi, Vogel, Langley und Frost ableiten lassen.

Diese Schwächung der verschiedenen Strahlengattungen gegen den Sonnenrand hin rührt von der Atmosphäre der Sonne her, in welcher die Randstrahlen einen viel längeren Weg zurückzulegen haben als die vom Centrum der Sonnenscheibe zu uns gelangenden. Sei z. B. die Höhe der Sonnenatmosphäre gleich dem zehnten Teile des Sonnenradius, so hätten die Randstrahlen in dieser Atmosphäre einen Weg zu durchlaufen, dessen Länge mehr als $^2/_5$ des Halbmessers der Sonne betrüge. Auf Grund der in der obigen Tabelle angegebenen Werte kann man unter Annahme einer plausiblen Hypothese einen Rückschluß darauf machen, wievielmal die Sonne, wenn sie keine Atmosphäre hätte, heller erscheinen würde als in Wirklichkeit. Laplace berechnete nach den Bouguerschen Bestimmungen, daß die Sonnenatmosphäre nur etwa $8^1/_2$ Prozent des gesamten Sonnenlichtes in den Weltenraum gelangen lasse, ein Wert, der — unter nicht ganz zutreffenden Annahmen abgeleitet — entschieden zu klein ist. Pickering fand aus seinen Messungen für dieselbe Größe $21^1/_2$ Prozent und Vogel aus den seinigen für violette Strahlen 33, für rote 67 Prozent. Nach diesen letzteren Angaben wäre also die Absorptionsfähigkeit der Sonnenatmosphäre eine verhältnismäßig geringe, dieselbe müßte danach entweder sehr dünn oder sehr niedrig sein. Da nun Seeliger mit Hilfe theoretischer Betrachtungen auf Grund Vogelscher Beobachtungen gezeigt hat, daß die Sonnenatmosphäre in nicht unbedeutendem Grade die Fähigkeit besitzt, das Licht zu zerstreuen, diese Eingeschaft aber bei einer dünnen Atmosphäre nicht wohl denkbar ist, so käme man zu dem Schluß, daß die Sonne eine ziemlich niedrige, aber desto dichtere Atmosphäre besitzt.

Von einzelnen Teilen der Oberfläche und Umgebung der Sonne sind nur die Flecken und die Corona auf ihre Helligkeit etwas näher untersucht.

Die Helligkeit der Sonnenflecken ist im allgemeinen viel größer, als man nach flüchtiger Beobachtung anzunehmen geneigt ist. Bei den Vorübergängen von Merkur oder Venus vor der Sonnenscheibe hat sich gezeigt, daß selbst die dunkelsten Kernflecke viel heller erscheinen als die schwarzen Planetenscheiben. Secchi meint, daß ein Kernfleck nicht so dunkel sei wie der die Sonnenscheibe unmittelbar umgebende Himmelshintergrund, während Zöllner der Ansicht ist, daß ein Kernfleck etwa 4000mal heller leuchte als ein gleich großes Stück des Vollmondes. Setzt man die mittlere Flächenhelligkeit der Sonne gleich 100, so schätzt W. Herschel die mittlere Flächenhelligkeit der Penumbra gleich 47, dagegen die des Kernfleckes nur 0,7, während H. C. Vogel für die entsprechenden Größen 63 und 6,7 findet; endlich hat Liais den von Thollon und Guy bestätigten Wert von 10 für die Flächenhelligkeit des Kernflecks (die der Sonne = 100) ermittelt. Im Vergleich dazu ist die Wärmestrahlung eines Fleckes viel größer, denn Langley hat die des Kernflecks zu 54, die der Penumbra zu 80 bestimmt, wobei die Wärmestrahlung der Sonnenoberfläche in unmittelbarer Umgebung des Flecks zu 100 angenommen ist. Frost findet diesen Unterschied noch kleiner und zwar desto geringer, je näher der Fleck dem Sonnenrande steht, danach müßte also die Sonnenatmosphäre die von den Flecken ausgehenden Wärmestrahlen in geringerem Maße absorbieren als die von der Sonne ausgesandten.

Was die Bestimmungen der Helligkeit der Corona betrifft, so darf man sich nicht wundern, daß die darüber gemachten Messungen bei der immer nur wenige Minuten betragenden Dauer der Totalität der Verfinsterungen der Sonnenscheibe recht wenig untereinander übereinstimmen. So fand man bei der Finsternis vom 22. Dezember 1870, daß die Corona 24,6mal heller leuchtete als der Vollmond; die Finsternis vom 29. Juli 1878 lieferte dafür den Wert 2,7, die vom 29. August 1886 ergab nur 1,4, während endlich bei der Finsternis vom 1. Januar 1889 die Corona nur halb so hell gefunden wurde als der Vollmond; bei allen diesen Angaben sind diejenigen Helligkeiten miteinander verglichen, die Sonne und Vollmond gezeigt hätten, wenn sie sich jedesmal im Zenith der betreffenden Beobachtungsorte befunden hätten. Die großen Differenzen zwischen diesen Zahlen können nicht allein durch Messungsfehler erklärt werden, sondern es kann keinem Zweifel unterliegen, daß die Helligkeit der Corona einem nicht unbeträchtlichen Wechsel unterworfen ist. Im allgemeinen leuchtet die Corona sicherlich viel heller als der Vollmond, denn während einer totalen Verfinsterung sieht man nur die allerhellsten Sterne, während bei Vollmond noch solche zweiter Größe sichtbar sind.

Wir kommen nun zu der Frage: Wie groß ist die Wärme der Sonne. Um diese wirklich bestimmen zu können, müßte man ganz genau die Zusammensetzung der Sonne besonders an der Oberfläche kennen, müßte wissen, welche Stoffe und in welchem Zustand dort vorhanden sind. Nun weiß man hierüber nur sehr wenig, jedenfalls viel zu wenig, um obige Frage genau beantworten zu können. Das Einzigste, was man durch Messungen mit einiger Sicherheit ermitteln kann, ist die Stärke der Wärmestrahlung der Sonne auf der Erdoberfläche, und danach kann man mit Hilfe theoretischer Betrachtungen einen Rückschluß auf die Temperatur der Sonne machen. Aus der gleichen experimentell gefundenen Größe für die Wärmestrahlung der letzteren leitete Secchi nach dem Newtonschen Strahlungsgesetz die Temperatur der Sonne zu 5 684 000° Celsius ab, während Vicaire nach dem Gesetz von Dulong und Petit daraus den Wert von 1398° Celsius berechnete. Der enorme Unterschied dieser beiden auf gleicher experimenteller aber verschiedener theoretischer Grundlage beruhenden Angaben für die Sonnentemperatur lehrt, wie unsicher derartige Bestimmungen sind und wohl auch für immer bleiben werden trotz der vielen Versuche, die von anderen Gelehrten in dieser Hinsicht angestellt sind. Von denselben seien hier Ericson genannt, der die Sonnentemperatur zu 2 000 000° Celsius bestimmte, während Zöllner nach rein theoretischen Ueberlegungen für dieselbe 13 000° an der Oberfläche und 78 000° Celsius in einer Tiefe von 1000 Kilometern ansetzte. Ferner fand Langley in Amerika nach vielen und sorgfältigen Experimenten die Sonnentemperatur zu mindestens 200 000° Celsius, während William Siemens gestützt auf die Vergleichung von Sonnenlicht mit dem des elektrischen Flammenbogens und unter der Annahme (nach Langley), daß nur $^1/_4$ der die Erde treffenden Sonnenstrahlung als Licht erscheine, die Temperatur der Photosphäre zu 2800—3000° Celsius ermittelte.

Aehnlichen Schwierigkeiten wie die Frage nach der Sonnentemperatur begegnet diejenige nach der von der Sonne in bestimmter Zeit in den Weltenraum ausgestrahlten Wärmemenge und die damit zusammenhängende Frage nach der Abkühlung der Sonne. Jene ausgestrahlte Wärmemenge kann man ziemlich genau aus der beobachteten Wärmezufuhr ermitteln, die ein Stück der Erdoberfläche in bestimmter Zeit durch die Sonne erhält, aber um daraus die Abkühlung der letzteren zu bestimmen, müßte man die „specifische Wärme“ der Sonnenmaterie kennen, d. h. diejenige Wärmemenge, die nötig ist, um die Temperatur von 1 Gramm der Sonnensubstanz um 1° zu erhöhen. Nimmt man für diese unbekannte Größe die äußersten möglichen Grenzwerte an, zwischen denen sie sicher liegen muß, so würde danach die Temperatur des gesamten Sonnenkörpers in einem Jahre höchstens um 18,8° und mindestens um 0,4° Celsius sinken. Nach diesen Werten für die Abkühlung der Sonne müßte diese seit dem Jahre 1100 vor Chr. Geb. mindestens 1200° kühler geworden sein. Nun ist aber verschiedentlich nachgewiesen worden (z. B. von Heer auf Grundlage botanischer Untersuchungen), daß in historischer Zeit das Klima der Erde keine wesentliche Aenderung erfahren hat, die Sonne sich also nicht merklich abgekühlt haben kann. Das ist nur möglich, wenn die Sonne für die von ihr fortwährend in den Weltenraum hinausgestrahlten ungeheuren Wärmemengen einen Ersatz erhalten hat; auf welchem Wege das möglich ist, darüber lassen sich nur mehr oder minder plausible Hypothesen aufstellen, von denen die wichtigsten folgende sind: J. Robert Mayer, der Begründer der mechanischen Wärmetheorie, meint auf Grund der letzteren, daß der Wärmeverlust der Sonne durch das Einstürzen von Meteoren auf dieselbe gedeckt werde. Nun ist gar nicht zu bezweifeln, daß Meteore gerade so gut auf die Sonne wie auf unsere Erde fallen, ja von ersterer werden sie infolge der größeren Masse der Sonne viel stärker und zahlreicher angezogen werden als von der Erde. Sicher ist auch, daß ihre Berührung mit der Sonnenoberfläche Wärme erzeugt, aber damit durch diese der sonstige Wärmeverlust der Sonne gedeckt würde, müßte auf jeden Quadratmeter der Sonnenoberfläche in 1 Stunde 1 Kilogramm Materie niederfallen. Nimmt man nun als mittlere Dichtigkeit dieser der Sonne zugeführten Substanz diejenige des Wassers an, so müßte durch diesen Meteorregen die Sonnenmasse in 2000 Jahren um $^1/_{16000}$ ihres Gesamtbetrages vermehrt worden sein, wodurch wiederum die Bewegung der Erde in demselben Zeitraum um $^1/_8$ Jahr verzögert sein müßte. Da nun das letztere in historischer Zeit bestimmt nicht stattgefunden hat, so hat man, um diesen Widerspruch zwischen den Thatsachen und der Mayerschen Theorie zu beseitigen, angenommen, daß die auf die Sonne einstürzenden Meteoriten schon vorher sich in Bahnen bewegt hätten, die innerhalb der Erdbahn verliefen, so daß innerhalb dieser nur eine Konzentrierung, aber keine Vermehrung der vorhandenen Massen stattgefunden hätte. Damit wäre der erwähnte Widerspruch nur für einen bestimmten Zeitraum, nämlich bis alle innerhalb der Erdbahn kreisenden Meteore in die Sonne gestürzt wären, gehoben und müßten sich diese Meteormassen bei ihren Bewegungen um die Sonne sich auch sonst irgendwie bemerkbar gemacht haben.

Frei von solchen Widersprüchen mit den Thatsachen ist die Helmholtzsche Theorie. Nach der Kant-Laplaceschen Theorie hat sich unser Sonnensystem aus einer ungeheuren Gaskugel nach und nach verdichtet, wobei kolossale Wärmemengen erzeugt worden sind. Es ist nun nach Helmholtz' Anschauung gar nicht abzusehen, warum dieser Verdichtungsprozeß bei der Sonne, die doch der Hauptsache nach noch aus Gasmassen besteht, aufgehört haben soll. Setzt sich derselbe aber fort, so würde ein Anwachsen der jetzigen Sonnendichte (1,4) bis zu der Dichte unserer Erde (5,6) eine solche Wärmemenge erzeugen, daß damit der durch Ausstrahlung in den Weltenraum erzeugte Wärmeverlust auf rund 17 Millionen Jahre gedeckt wäre. Allerdings würde dadurch der Sonnenball kleiner und kleiner werden, aber das würde so langsam gehen, daß der scheinbare Sonnendurchmesser erst nach 24000 Jahren um 1 Bogensekunde, also $^1/_{1919}$ seines jetzigen Wertes, d. h. um 720 Kilometer kleiner geworden wäre. Dieses Abnehmen des Sonnendurchmessers würde man in historischer Zeit nur mit den feinsten der uns jetzt bekannten Methoden und Instrumente haben nachweisen können. Nach dieser Theorie würde die ganze Sonnenkugel gleichmäßig erwärmt, während der Wärmeverlust durch Ausstrahlung hauptsächlich an der Oberfläche eintritt. Aber derselbe wird durch Wärmezufuhr aus dem Sonneninnern ganz oder teilweise ersetzt.

In ganz anderer Weise sucht William Siemens den Wärmeersatz auf der Sonne zu erklären. Er nimmt den ganzen Weltenraum erfüllt von sehr stark verdünnten Gasen an, und zwar außer neutralen Gasverbindungen seien hauptsächlich Wasserdampf, Kohlensäure-Anhydrid und Kohlenoxydgas vorhanden, welche letzteren sich bei außerordentlicher Verdünnung durch Sonnenstrahlung in ihre Bestandteile auflösen d. h. dissociieren, wie sich experimentell nachweisen läßt. Nun nimmt Siemens, gestützt auf die Beobachtungen über die Ausstrahlungen der Sonnencorona, an, daß von einem etwa $^2/_3$ der ganzen Sonnenoberfläche umfassenden Aequatorgürtel ein Strom der genannten Gase in den Weltenraum hinausgeschleudert werde, der daselbst einen Gegenstrom der durch die Sonnenstrahlung dissociierten Gase des Weltenraumes erzeuge. Dieser Gegenstrom trifft auf die beiden Polkalotten der Sonne auf und entzündet sich hier, sowie er eine bestimmte Dichte erreicht hat, wodurch eine kolossale Wärmemenge erzeugt wird. Nach Siemens' Berechnungen braucht nun der auf die Polkalotten auftreffende Gasstrom nur zu seinem

20. Teil aus diesem Gasgemisch zu bestehen, im übrigen aber aus nicht Wärme erzeugenden Gasen, um unter sonst plausiblen Annahmen den Wärmeverlust der Sonne zu decken. So geistreich diese Theorie auch ist, so ist sie doch nicht so gut begründet wie die Ansichten von Helmholtz.

§ 5. Die verschiedenen Theorien über die Beschaffenheit der Sonne.

Die älteste ist die von Wilson (1769) aufgestellte Theorie, wonach die Sonne ein dunkler, kalter Körper sei, umgeben von einer glühenden Gasatmosphäre. Die Sonnenflecke sollten dann zeitweilige Oeffnungen in der letzteren sein, durch welche man den dunkeln Sonnenkörper erblickte. Nun widerspricht es aber allen physikalischen Begriffen, daß ein glühender Körper zuerst in seinem Innern erkaltet, während seine äußere Hülle noch glühend bleibt; wollte man aber auch die sehr unwahrscheinliche Annahme machen, daß die Sonne ein ursprünglich kalter Körper gewesen sei, dessen Atmosphäre sich durch irgend welche Vorgänge entzündet hätte, so müßte diese glühende Atmosphäre im Laufe der Jahrhunderte enorme Wärmemengen nicht nur in den Weltenraum, sondern auch gegen den kühlen Sonnenkörper ausgestrahlt und diesen an seiner ganzen Oberfläche bis zu beträchtlicher Tiefe schon längst zum Glühen und damit zum Leuchten gebracht haben.

Durch Kirchhoffs Entdeckung der Spektralanalyse kam Wilsons Theorie erst vollständig zu Fall, denn ersterer stellte auf Grund seiner Beobachtungen die Ansicht auf, daß die Sonne ein fester oder tropfbar-flüssiger Körper in höchster Glühhitze umgeben von einer Atmosphäre von etwas niedrigerer Temperatur sei. In der letzteren schwimmen kleine Wölkchen, und sobald eine solche (durch Vereinigung mit mehreren anderen etwa) eine etwas größere Dicke erreicht, versperrt sie den vom Sonnenkörper kommenden Wärmestrahlen teilweise den Weg, d. h. oberhalb der Wolke tritt Abkühlung und damit Verdichtung in der Sonnenatmosphäre ein, wodurch schließlich die Wolke sehr dick und in ihrer Mitte völlig, nach ihren Rändern zu wenigstens teilweise undurchsichtig wird, d. h. wir sehen von außen her einen Sonnenfleck mit dem dunkeln Kernfleck in der Mitte und der ihn umgebenden halbhellen Penumbra. Die durch denselben verhinderte Wärmeausstrahlung an dieser Stelle bewirkt schließlich eine derartige Temperatursteigerung unterhalb des Flecks, daß die denselben bildenden Kondensationsprodukte allmählich wieder aufgelöst werden, der Fleck also verschwindet. Der hier ausgesprochene wolkenartige Charakter der Sonnenflecke wird heute noch vielfach als richtig betrachtet, wenn auch in etwas modifizierter Form. Gegen den festen oder flüssigen Sonnenkörper der Kirchhoffschen Hypothese ist aber zu bemerken, daß Wasserstoff und Eisen die beiden Hauptbestandteile der Sonne oder wenigstens ihrer Oberfläche sein müssen, und da ersterer bei der enormen Temperatur unmöglich in flüssigem Zustande vorhanden sein kann, so müßte der Sonnenkörper vorwiegend aus festem oder geschmolzenem Eisen bestehen, was aber in direktem Widerspruch mit der geringen Dichte (1,4) der Sonne steht.

Dieser letztere Umstand hat Zöllner zu der Annahme geführt, daß der eigentliche Sonnenkörper ein ungeheurer, glühender Gasball sei, der nur eine Schale von flüssigem Eisen in hellster Weißglut habe. Diese soll sich zu jener Zeit gebildet haben, als die Planeten sich von der ungeheuren Gaskugel, welche das Sonnensystem noch bildete, losrissen; die dadurch erzeugte plötzliche und starke Temperaturerniedrigung habe zu einer Verflüssigung der Eisendämpfe an der äußeren Umgrenzung der Gaskugel geführt. Diese feurigflüssige Eisenhülle übt auf die Gase im Innern einen starken Druck aus, so daß diese nach außen diffundieren und hier als Protuberanzen emporschießen. Daß Wasserstoff unter hohem Druck durch glühende Eisenplatten hindurchdringt, hat Cailletet durch Versuche nachgewiesen. Die emporgeschleuderten Gasmassen kühlen sich naturgemäß ab und sinken dann auf die Eisenschicht herab, dieselbe bei ihrer Berührung ebenfalls soweit abkühlend, daß sich auf dem flüssigen Eisen eine Schlackenscholle bilden kann. Diese vermindert die Wärmestrahlung, so daß über ihr sich die Atmosphäre abkühlt, also Wolkenbildung eintritt. Die Wolken verwischen die scharfen Konturen der Schlackenscholle, indem sie dieselben überdecken; so ist ein Sonnenfleck entstanden, bei welchem also die Schlackenscholle den Kernfleck bildet, die Wolken die Penumbra, während ein Zerreissen der Schlackenscholle sich als Entstehung einer Lichtbrücke darstellt. Der Fleck stellt also auch hier eine Zone schroffer Temperaturerniedrigung dar, und durch letztere werden Gleichgewichtsstörungen in der Atmosphäre hervorgerufen, die sich in auf- und niedersteigenden Strömen äußern, welche ihrerseits wieder ein Aufquellen der heißen Teile über das gewöhnliche Atmosphärenniveau und damit die Sonnenfackeln erzeugen. Der Fleck und besonders die Schlackenscholle sendet natürlich trotz der über ihr lagernden Temperaturdepression noch Wärme aus, aber weniger, als ihr nach und nach aus dem Innern zugeführt wird, so daß ihre Temperatur allmählich steigt und sie dadurch aufgelöst wird. Bei dieser Zöllnerschen Theorie ist nicht recht verständlich, wo die „umkehrende Schicht“ zu denken ist, denn diese muß nach dem Spektrum Eisendämpfe in großer Menge enthalten; soll dieselbe außerhalb der flüssigen Eisenhülle sich befinden, so ist das Bestehen der letzteren physikalisch nicht recht erklärlich, da dann noch außerhalb derselben eine Temperatur herrscht, bei welcher das Eisen in Dampfform bestehen kann.

Dagegen ist die Zöllnersche Ansicht, daß der eigentliche Sonnenkörper als Gasball zu denken ist, von fast allen neueren Anschauungen über die Konstitution der Sonne, wie sie von Secchi, Faye, Young, Langley u. a. ausgesprochen sind, acceptiert worden. Dabei müssen die nach der Mitte zu sich befindenden Gase unter ganz kolossalen Temperaturen und Drucken stehen, so daß sie sich in ihre kleinsten Bestandteile aufgelöst oder dissociiert und dabei die Eigenschaft verloren haben, chemische Verbindungen untereinander eingehen zu können. Es wird im Sonneninnern eine Art Urzustand der Elemente bestehen, wobei dahingestellt bleibe, ob man sich dieses Gas als eine breiig zähe Masse, die aber keine Flüssigkeit ist, zu denken habe, wie manche Forscher meinen. Geht man nun von diesem Kern nach außen zu, so wird man schließlich an eine Schicht kommen, wo die Oberflächenschicht nicht mehr dick genug ist, um die Wärmeabgabe nach außen hin genügend zu verhindern, d. h. wo die Dissociationstemperatur der Gase nicht mehr erreicht wird. In dieser Schicht werden also die Gase ihr gewöhnliches Verhalten wieder annehmen, es werden sich also die bei so hohen Temperaturen noch möglichen Verbindungen bilden können, ja wenn außerhalb dieser Schicht die Temperatur noch weiter sinkt, so wird schließlich Kondensation in Form von Wolkenbildung eintreten; d. h. es besteht eine den ganzen Sonnengasball einhüllende gleichmäßige Wolkenschicht, deren äußere Seite wir als die lichtspendende Photosphäre vor Augen haben. Die an dieser äußeren, kühlsten Seite der Schicht sich hauptsächlich bildenden Kondensationsprodukte werden von dem Innern stärker angezogen und senken sich gegen den Mittelpunkt zu, werden aber lange, ehe sie denselben erreicht haben, durch die steigende Temperatur verflüchtigt und dann dissociiert. Diesem von außen nach innen bestehenden Strome steht ein in entgegengesetzter Richtung verlaufender gegenüber, welcher Gase aus beträchtlichen Tiefen emporreißt und durch die Wolkenschicht unter starkem Drucke emporpreßt, so daß sie außerhalb derselben die Protuberanzen bilden.

Außerhalb der erwähnten Wolkenschicht befindet sich eine Gasgemenge, in welchem die specifisch schwersten Gase, also besonders die Metalldämpfe, am tiefsten, d. h. also der Wolkenschicht oder Photosphäre zunächst lagern, während die specifisch leichteren, wie z. B. Wasserstoff, sich in größere Höhen erheben; die ersteren bilden die „umkehrende Schicht", die letzteren die Chromosphäre, zwischen denen keine scharfe Grenze besteht, die vielmehr ineinander übergehen und die eigentliche Atmosphäre der Sonne bilden. Brechen aus dem Innern Gasmassen mit großer Heftigkeit hervor, so vermögen sie die schweren Metalldämpfe gelegentlich bis in große Höhen mitzureißen; geschieht dagegen der Ausbruch minder lebhaft, so steigt nur das leichtere Wasserstoffgas empor, womit die metallischen und die Wasserstoff-Protuberanzen erklärt wären. Außerhalb der Chromosphäre befindet sich nun noch die Sonnencorona. Für diese ist es schwer, eine Erklärung zu finden, denn wir haben es hier mit Gasen oder festen Partikelchen in ganz enormer Verdünnung oder Zerstreuung zu thun. Möglich, daß wir in dem Coronium ein besonders leichtes Gas vor uns haben, denn bei der enormen Anziehungskraft der Sonne würde selbst eine Atmosphäre aus

Wasserstoff bei der kolossalen Ausdehnung der Corona in deren unteren Schichten zu so hohen Drucken führen, wie sie in der Corona bestimmt nicht vorhanden sind. Möglich auch, daß wir es in der Corona mit elektrischen Erscheinungen zu thun haben, wie sie auch in unserer Erdatmosphäre eine große Rolle spielen.

Wie ist nun in einer so gestalteten Sonne die Fleckenbildung zu denken? Secchi ist der Ansicht, daß eben jene Gasausbrüche aus dem Innern, wenn man sie nicht am Rande, sondern auf der Sonnenscheibe, also sich auf die Photosphäre projecierend, erblickt, durch ihre sehr merkbare Absorption als dunkle Flecken auf dieser erscheinen. Nun sind aber diese emporgeschleuderten Gasmassen specifisch schwerer als diejenigen der Corona, in welche sie hinausgeworfen sind, sie sinken also auf die Sonnenoberfläche zurück und bringen dabei in der eigentlichen Sonnenatmosphäre eine Vertiefung hervor, welche mit einer stärker lichtabsorbierenden daher dunkler erscheinenden Masse gefüllt ist und so den eigentlichen Sonnenfleck bildet, der sich durch allmähliche Wärmezufuhr von der Photosphäre aus auflöst, aber sich ebenso rasch und auch an derselben Stelle wieder durch einen abermaligen Ausbruch aus dem Innern von neuem bilden kann.

Ganz anders stellt sich dagegen Faye das Zustandekommen der Flecke vor. Nach ihm ist die Photosphäre in Streifen parallel zum Sonnenäquator geteilt zu denken, die nach den Polen zu eine immer langsamere Umdrehung haben. An ihren gegenseitigen Grenzen werden sich Wirbel bilden, genau wie in der Erdatmosphäre Luftwirbel entstehen, wenn zwei Luftströmungen verschiedener Geschwindigkeit einander berühren; und wie solche Luftwirbel der Richtung der sie erzeugenden Strömungen folgen und in unsere Atmosphäre immer tiefer einsinken, so werden auch diese Wirbel auf der Sonne der Bewegung der Photosphärenstreifen folgen und in letztere immer tiefer einsinken. Dabei werden sie die kühleren, hauptsächlich aus Wasserstoff bestehenden Gase der Chromosphäre mit in die Tiefe reißen, und so wird in ihrem Centrum Licht und Wärme erheblich geringer sein, solange die Wirbelbewegung anhält. Diese Wirbeltrichter mit dem kühleren und dunklerem Centrum sind die Sonnenflecke mit dem kühleren und dunkleren Kernfleck. Nun wird aber der an der untersten Spitze des Trichters in das glühende Sonneninnere hineingepreßte Wasserstoff dort so stark erhitzt, daß er schließlich mit großer Gewalt durch das Innere des Trichters wieder emporschießt, weit über die Chromosphäre heraus, und so eine Protuberanz bildet. Das Teilen und Vergehen der Flecke ist genau in der gleichen Weise zu denken, wie man das Zerteilen und Verschwinden von Wirbelstürmen in der Erdatmosphäre beobachtet.

Auch E. v. Oppolzer sieht die Sonnenflecke als Wirbel an, aber er setzt ferner voraus, daß die Sonnenatmosphäre die Gase in so geringer Dichtigkeit enthält, daß die Sätze der mechanischen Wärmetheorie vollständig Anwendung auf sie finden. An der Hand derselben weist er nach, daß ein von außen her in die Sonnenatmosphäre eindringender kühler Gaswirbel, indem er sich immer tiefer in dieselbe einbohrt, keine Temperaturerniedrigung, sondern im Gegenteil eine Temperaturerhöhung hervorbringt und zwar selbst unter ungünstigen Verhältnissen bei einem Eindringen bis zu einer Tiefe von 720 Kilometer eine Erwärmung um etwa 5000°. Oppolzer meint, daß man über die Entstehungsart solcher zuerst kühler Gaswirbel ebensowenig etwas aussagen könne, wie über die Ursache der in unsere Atmosphäre von außen her eindringenden kühlen Luftwirbel, aber eben weil die letzteren vorhanden seien, dürfe man auch ein Analogon dazu in der Sonnenatmosphäre annehmen. Die durch den Wirbel erzeugte Wärme ruft einerseits einen Auftrieb hervor, welcher ein fortgesetztes Tiefergehen des Wirbels verhindert, und bewirkt andererseits, daß die Kondensationsprodukte an dieser Stelle aufgelöst werden; dadurch entsteht eine große Klarheit in dem Wirbel, welche eine verstärkte Ausstrahlung und mithin Abkühlung der tiefer liegenden Schichten zur Folge hat. Diese letzteren stellen dann den eigentlichen Kernfleck dar. Scheiner hat darauf hingewiesen, daß die Annahme der Abkühlung gar nicht nötig ist, sondern daß die notwendig entstehende größere Klarheit die Lichtemission vermindert und damit schon den Eindruck des dunkeln Flecks hervorruft.

Zum Schluß sei hier noch der Sonnentheorie von August Schmidt gedacht, nach welcher der Sonnenrand nicht wirklich existiert, sondern nur eine optische Täuschung ist. So geistreich und mathematisch wohl begründet diese Ansicht auch ist, so würde sie doch auf der Sonne eine Dichte voraussetzen, wie sie bestimmt dort nicht in den fraglichen Schichten herrscht; dagegen ist es sehr wohl möglich, daß auf manchem der Fixsterne Druckverhältnisse herrschen, wie sie die Schmidtsche Theorie erheischt, und daß daher dort dieselbe vollkommen gültig ist.

§ 6. Nord- und Zodiakallicht.

Im Anschluß an die Besprechung der Sonne wollen wir zwei Erscheinungen in das Bereich unserer Betrachtungen ziehen, von deren Natur wir noch sehr wenig wissen, die aber von vielen Forschern mit der Sonne in Beziehung gebracht werden, wenn auch ein direkter Zusammenhang der letzteren mit dem Nord- und dem Zodiakallicht noch nirgends sicher nachgewiesen ist.

Das Nord- oder richtiger Polarlicht, denn sein Auftreten ist durchaus nicht auf den Nordpol der Erde beschränkt, sondern findet in ganz entsprechender Weise auch am Südpol derselben statt, ist eine mehr oder weniger glänzende Erscheinung, die zuweilen nur einen geringen Teil des Himmels bedeckt, dann wieder in kolossaler Ausdehnung das ganze Firmament durchleuchtet und sich desto schöner und häufiger zeigt, je näher man sich den Polarkreisen der Erde befindet. Man kann im wesentlichen zwei Hauptformen unterscheiden, die aber jede wieder viele Abarten besitzen. Die eine Form wird durch einen halbkreisförmigen Lichtbogen, der meist so gestellt ist, daß der Pol der Magnetnadel nach seinem Mittelpunkt weist, gebildet, von welchem mehr oder minder helle und wechselnde Strahlen nach allen Seiten radial emporschießen, während die zweite Form mehr einem ungeheuren faltenreichen Vorhang gleicht, der aus den Wolken herabhängt, oder mit eng aneinander stehenden Säulen verglichen werden kann, nur daß die schwankende, zitternde Bewegung, welche die einzelnen Lichtstreifen zeigen, mehr zu dem ersten Bilde paßt.

Eine sehr merkwürdige aber unumstößlich feststehende Thatsache ist es, daß die Polarlichter einen entschiedenen Einfluß auf die Abweichungen der Magnetnadel ausüben, und es ist schon auf Seite 20 darauf hingewiesen, daß die Häufigkeit der Polarlichter dieselbe 11jährige Periode aufweist wie die Häufigkeit der Sonnenflecke und die Schwankungen der Magnetnadel. Starke Abweichungen der letzteren kündigen häufig das Eintreten von Polarlichtern an, und in Gegenden, die den Polarkreisen verhältnismäßig nahe liegen, haben schöne Polarlichter durch starke Gegenströme oft den ganzen telegraphischen Verkehr auf weite Strecken zeitweise gestört. Damit stimmt auch die weitere Beobachtung überein, daß die Zone der größten Häufigkeit der Polarlichter nicht den Erdpol kreisförmig umzieht, sondern elliptisch in die Länge gezogen erscheint, so daß der betreffende Magnetpol mit von ihr umfaßt wird, in dessen Nähe die Zone auch die größte Breite hat.

Ziemlich ausgedehnt sind auch die spektroskopischen Untersuchungen des Polarlichts, doch sind die Beobachtungen bei der für diese Zwecke meist ziemlich geringen Helligkeit der Lichter recht schwierig. Dieser Umstand, sowie die Thatsache, daß bei hellen Nordlichtern das Spektrum selten in allen Teilen eines solchen das gleiche ist, sind wohl die Gründe dafür, daß verschiedene Beobachter keineswegs dieselben spektroskopischen Resultate erhalten haben. Darin stimmen indessen alle überein, daß sich im Grün stets eine helle Linie zeigt (Wellenlänge 557,1 $\mu\mu$), welche geradezu für das Spektrum des Polarlichtes charakteristisch ist und daher als „Nordlichtlinie" bezeichnet wird. Außer dieser treten im Polarlichtspektrum noch einige verwaschene, mehr oder weniger schwache Linien im Grün und Blau und ein schwaches breites Band im Violett auf, zu welchen sich, wenn man das Spektroskop speciell auf rote Stellen des Nordlichts richtet, noch ein heller Streifen im Rot gesellt, der aber stets schwächer ist als die Nordlichtlinie, wenn diese auch bei seinem Auftreten etwas abzublassen scheint. Auffällig ist, daß man das Nordlichtspektrum äußerst schwach auch an denjenigen Stellen des Himmels sehen kann, welche frei von Polarlicht zu sein scheinen; ja selbst an Orten, für welche ein Polarlicht gänzlich unter dem Horizont blieb, will man während seines Leuchtens sein Spektrum äußerst schwach am dunkeln Himmelsgrund gesehen haben. Nun ist die hellste Stelle dieses Spektrums mit der des Luftspektrums identisch, und die rote und grüne Linie entsprechen schwachen Linien im Stickstoffspektrum, weshalb man das Polarlichtspektrum auch wohl als eine Modifikation des Luftspektrums angesehen hat. H. C. Vogel und andere neigen der Ansicht zu, daß die Nordlichtlinie einem uns noch unbekannten Gase in den höchsten Höhen der Erdatmosphäre zuzuschreiben sei, während die übrigen Linien dem Spektrum einer der Erdoberfläche näheren Atmosphärenschicht anzugehören scheinen, das ganze Polarlichtspektrum also aus zwei übereinander gelagerten Spektren bestünde. Ångström dagegen hat versucht, die Nordlichtlinie durch Phosphorenz oder Fluorescenz zu erklären.

Ganz im unklaren ist man noch über die Entfernung der ganzen Erscheinung von der Erdoberfläche. Während Zöllner gestützt auf die Thatsache, daß Nordlichter oft über weite Ländergebiete hin gleichzeitig sichtbar sind, auf eine Höhe von 75—150 Kilometer schloß, haben neuerdings Höhenmessungen besonders auffälliger Stellen in Polarlichtern, gleichzeitig vorgenommen auf zwei weit voneinander gelegenen Stationen, als Resultat Höhen von 600 bis 1000 Kilometer ergeben, wonach also die Erscheinung der Erdatmosphäre kaum noch angehören könnte. Dem steht nun aber die in Norwegen wiederholt gemachte Beobachtung entgegen, daß sich die Erscheinung gelegentlich bis auf die Spitzen der Berge herabsenkt.

Eine befriedigende und daher allseitig anerkannte Erklärung des Polarlichts giebt es nicht. Auf die im vorigen Jahrhundert von Mairan ausgesprochene Ansicht, daß die Polarlichter ihren Ursprung in der bis in die Erdatmosphäre hineinreichenden Sonnenatmosphäre hätten, greift die neuerdings von William Siemens gegebene Theorie zurück, welche in innigem Zusammenhange mit seiner auf Seite 49 besprochenen Theorie zur Erhaltung der Sonnenwärme steht. Er denkt sich den Weltenraum außer mit Gasen in höchster Verdünnung noch mit Staub in feinster Verteilung erfüllt; dieser wird nun von dem vom Aequatorgürtel der Sonne ausgehenden Strom erfaßt und fortgeführt, durch Reibung an den Gasen mit Elektricität geladen und, je länger erstere dauert, in immer höhere elektrische Spannung gebracht, wie man Aehnliches an durch den Wind weit fortgeführtem Wüstenstaub beobachtet hat. Berührt nun dieser elektrisch geladene kosmische Staub die Atmosphäre der Erde, so wird er durch irgend welche Vorgänge zur Entladung gebracht, welche jene schönen als Polarlichter bezeichneten Lichterscheinungen hervorruft. Soweit die Siemenssche Hypothese, welche in ihrem letzten Teile, nämlich daß man es im Nordlicht mit teils disruptiver teils kontinuierlicher elektrischer Entladung zu thun habe, jetzt wohl ziemlich allgemein angenommen ist.

Ueber die zweite hier zu besprechende Erscheinung, das Zodiakallicht, ist noch viel weniger bekannt als über die Polarlichter. Dasselbe stellt sich meistens als ein vom Horizont emporsteigender Lichtkegel dar, dessen Begrenzungslinie die Hälfte einer langgezogenen Ellipse darstellt, deren große Achse nahezu mit der Ekliptik zusammenfällt, sodaß also die ganze Erscheinung an den als Zodiakus bezeichneten Streifen am Himmel gebunden ist und daher ihren Namen führt. Unter den Tropen erhebt sich das Zodiakallicht nahezu senkrecht zum Horizont als eine schöne, etwa so hell wie die hellsten Teile der Milchstraße leuchtende Erscheinung und ist zu allen Zeiten des Jahres gut zu sehen. Seine von der Sonne entfernteren Partien erscheinen schwächer, sind aber doch meist bis 90° Abstand von der Sonne zu verfolgen.

Zu Zeiten gelingt es dort wohl auch, das Zodiakallicht über die ganze Ekliptik hin zu verfolgen, wobei sich dann meistens in dem der Stellung der Sonne diametral gegenüberliegenden Punkte der Ekliptik ein schwacher rundlicher Lichtschein, Gegenschein genannt, zeigt, welcher auch gelegentlich bei nicht geschlossenem Zodiakallicht, also isoliert von dem östlichen oder westlichen Lichtkegel, auftritt. In den gemäßigten Zonen ist derselbe nicht beobachtet, wohl hauptsächlich, weil sich in denselben das Zodiakallicht als ein schwaches, schwer zu sehendes Phänomen darstellt. Man nimmt es noch am besten wahr, wenn morgens oder abends die Ekliptik recht steil über den Horizont sich erhebt, also für nördliche Breiten im September und Oktober am Morgenhimmel, im Februar und März abends bald nach Sonnenuntergang. Dasselbe ist am besten mit bloßem Auge zu beobachten, durch ein Fernrohr läßt sich nichts Besonderes wahrnehmen, da selbst schwache Sterne, die von demselben überdeckt werden, im Teleskop gesehen, nichts von ihrer Helligkeit einbüßen. Damit ist aber auch die spektroskopische Beobachtung sehr erschwert, und die in dieser Richtung gewonnenen Resultate weisen zum Teil beträchtliche Differenzen auf und stimmen eigentlich nur in dem einen Punkte überein, daß das Spektrum nicht sehr lang aber kontinuierlich ist. Respighi, Vogel und Wrigth, die dasselbe zu verschiedensten Zeiten und entlegensten Orten untersucht haben, fanden die grüne Nordlichtlinie darin, während Piazzi-Smyth, Tacchini, Cacciatore und Ricca dieselbe niemals sahen, ein Umstand, der wohl durch das, was oben über das Vorkommen dieser Linie außerhalb der Polarlichter gesagt ist, eine Erklärung findet. Das Zodiakallicht zeigt außerdem nach Liais Untersuchung keine Polarisation, danach wäre es also kein reflektiertes Licht.

Die zur Erklärung der ganzen Erscheinung aufgestellten Theorien bringen dieselbe zwar alle mit der Sonne in Zusammenhang, haben sonst aber wenig Gemeinschaftliches. Mairan sah das Zodiakallicht als eine Fortsetzung der Sonnenatmosphäre an, während Laplace dasselbe für einen von der Sonne beleuchteten, frei im Raume zwischen Venus- und Marsbahn schwebenden Staub-, Dunst- oder Nebelring hielt, eine Anschauung, welcher Arago und Poisson beipflichteten, während Jones und Heis diesem Nebelringe seinen Platz innerhalb der Mondbahn frei um die Erde schwebend zuweisen wollen. William Siemens endlich erblickt in dem Zodiakallicht eine kontinuierliche Entladung des vom äquatorialen Sonnenstrom fortgeführten und dadurch elektrisch gewordenen kosmischen Staubes, d. h. er sieht den Unterschied zwischen Polarlicht und Zodiakallicht nur darin, daß letzteres eine kontinuierliche im Weltenraum vorsichgehende Entladung geringer Elektricitätsmengen, ersteres dagegen eine meist disruptive in der Erdatmosphäre sich vollziehende Entladung viel größerer Elektricitätsmengen des kosmischen Staubes darstelle.

Zweites Kapitel.

Der Mond.

§ 7. Geschichtliche Entwicklung der Mondbeschreibung.

Der Anfang des Studiums der Mondoberfläche fällt mit der Erfindung des Fernrohres zusammen. Galilëi war der erste, der die Flecken studierte und die Berge erkannte, ja der versuchte, die Höhen derselben dadurch zu bestimmen, daß er den Abstand einer eben aus dem Dunkel auftauchenden Bergspitze von der Schattengrenze überhaupt schätzte und daraus den viel zu großen Wert von 8500 Meter für die Höhen berechnete. Er konstruierte nach seinen Schätzungen der Lagen der Mondgebilde die erste Mondkarte, die zwar noch recht unvollkommen, aber immerhin doch genau genug war, um ihn zur Entdeckung der Mondlibration[1] zu führen. Sein Zeitgenosse, der Jesuitenpater Christoph Scheiner in Ingolstadt, machte eine Anzahl Skizzen einzelner Teile der Mondoberfläche, und nach diesen und anderen von den Gelehrten des Collegio Romano ausgeführten Mondbeobachtungen soll angeblich die von Athanasius Kircher in seinem „Mundus subterraneus“ 1678 publizierte Mondkarte zusammengestellt sein. Der am spanischen Hof lebende Langrenus zeichnete von 1620—1640 zahlreiche Flecke, denen er Namen von Heiligen beilegte, doch fanden jene keine Verbreitung wie auch die Zeichnungen in Vergessenheit gerieten; neuerdings ist in der Zeitschrift „Ciel et Terre“ (Jahrg. IV, 1884, S. 313) eine Kartenskizze von Langrenus veröffentlicht. Die erste wirklich brauchbare Mondkarte lieferte der berühmte Hevelius in Danzig. Auf derselben benannte er an 250 Gebilde mit den Namen von Oertlichkeiten der Erdoberfläche, die eine gewisse Aehnlichkeit mit den lunaren Lokalitäten haben sollten. Auch die Höhen der Berge bestimmte er nach Galilëis Methode, aber genauer, sodaß er die Höhe der Mondberge angenähert richtig zu 5000 Meter angab. Seine Karte, sowie Darstellungen der Mondoberfläche in allen verschiedenen Phasen stach er selbst in Kupfer und veröffentlichte sie 1647 in seiner „Selenographia“. Nur 3 Jahre später erschien die von Ricciolus in seinem „Almagestum novum“ aufgenommene Mondkarte, auf welcher die hauptsächlichsten Gebilde

[1] Ueber Libration, Größe und Entfernung des Mondes siehe das 3. Kapitel in „Astronomie von A. F. Möbius“ (Sammlung Göschen 11).

mit den Namen berühmter Astronomen und Mathematiker belegt waren. Nur für die dunkeln Flecke, die schon Hevelius als Seen bezeichnet hatte, führte er Benennungen wie „mare“, „palus“, „lacus“ 2c. ein, denen er lateinische, aus der Astrologie herübergenommene Ausdrücke beifügte, z. B. mare serenitatis — Meer der Heiterkeit. Auf den heutigen Mondkarten haben sich von diesen Bezeichnungen noch über 200 erhalten, einige wenige Namen mußten wegen Unsicherheit in der Darstellung der betreffenden Gebilde fallen gelassen werden, viele neue nach dem ersteren Prinzip der Namengebung sind hinzugekommen. Von der im allgemeinen besseren Karte des Hevelius haben sich nur sechs Namen erhalten, darunter als bekannteste die „Alpen“ und „Apenninen“. — Cassini publizierte 1680 nach eigenen Beobachtungen eine Mondkarte, die zwar größer als die Heveliussche, aber weniger zuverlässig war; sie blieb übrigens ziemlich unbekannt, bis sie Lalande 1787 neu herausgab.

Im 18. Jahrhundert war es zunächst Tobias Meyer in Göttingen, der gelegentlich der Mondfinsternis von 1748 den Mangel einer seinen optischen Hilfsmitteln entsprechenden Karte empfand und diesem Mangel abzuhelfen beschloß. Leider ließ ihn sein früher Tod (1762) die Arbeiten nicht zum Abschluß bringen, so daß erst seine 1775 erschienenen „Opera inedita“ eine kleine Mondkarte von etwa 20 Centimeter Durchmesser enthielten, die bis 1824 die beste blieb. Wilhelm Herschels Mondstudien beschränken sich auf Höhenmessungen, die er in den Jahren 1777—1779 ausführte nach einem dem Galiläischen ähnlichen Verfahren, doch fand er fast durchweg zu geringe Werte. Desto umfangreicher waren die vom Oberamtmann Schröter in Lilienthal vom Jahre 1784 ab ausgeführten Mondbeobachtungen, die er in dem zweibändigen Werke „Selenotopographische Fragmente“ (I. Bd. 1791, II. Bd. 1802) niederlegte. Mit Hilfe seiner guten Spiegelteleskope, aber eines noch ziemlich rohen Meßapparates maß er die Schattenlängen der Berge und leitete daraus Werte für die Höhen der Mondberge ab, die alle bisherigen Bestimmungen an Genauigkeit weit übertrafen. Auch seine Positionsbestimmungen der Flecke waren besser als die früheren, seine Zeichnungen zwar noch ziemlich roh, aber doch gewissenhaft, vielleicht manchmal von dem Glauben beeinflußt, Veränderungen auf der Mondoberfläche zu sehen, die wechselnde Beleuchtung und Libration ihm vortäuschten. Er führte auch eine Anzahl neuer Namen nach dem Prinzip von Ricciolus ein, von denen jetzt noch etwa 60 im Gebrauch sind, außerdem verwandte er ohne bestimmtes System griechische und lateinische Buchstaben zur Bezeichnung kleinerer Objekte.

Im 19. Jahrhundert verdient zunächst die Mondkarte von W. G. Lohrmann Erwähnung. Ursprünglich beabsichtigte derselbe eine Mondkarte größerer Dimension in 25 Sektionen herauszugeben, was er aber seiner geschwächten Sehkraft wegen aufgeben und sich damit begnügen mußte, 1838 auf Grund seiner Messungen eine Mondkarte von 38,7 Centimeter Durchmesser zu publizieren, die sehr fein und hübsch ist. Aber schon ein Jahr früher war die viel größere und umfangreichere Arbeit von Beer und Mädler unter dem Titel „Der Mond“ erschienen, welcher eine Karte des Mondes von 95 Centimeter Durchmesser unter dem Titel „Mappa Selenographica“ beigefügt war. Dieselbe beruhte auf den in den Jahren 1830—1837 hauptsächlich von Mädler ausgeführten Ortsbestimmungen auf dem Monde. Außerdem ermittelte Mädler genau die Durchmesser von 148 der hauptsächlichsten Gebilde der Mondoberfläche und berechnete die

Höhen von 830 Spitzen aus Messungen von Schattenlängen. Zur Bezeichnung der einzelnen Oertlichkeiten verwandten sie fast alle Namen von Ricciolus und Schröter, sowie die oben erwähnten sechs von Hevelius und fügten noch 150 Namen (nach verstorbenen berühmten Astronomen, Mathematikern, Geographen und Philosophen, nur Bergketten erhielten Bezeichnungen nach irdischen Gebirgen) bei. Die kleineren Gebilde benannten sie nach dem nächstgelegenen Haupt-, beziehentlich einen Namen führenden Punkte, indem sie diesem Namen einen Buchstaben anfügten und zwar einen großen für gemessene, einen kleinen für nur nach der Zeichnung geschätzte Objekte, und andererseits wählten sie einen entsprechenden griechischen Buchstaben für Erhebungen, einen aus dem lateinischen Alphabet für Krater oder Einsenkungen. Nach dieser umfassenden Arbeit von Beer und Mädler trat eine Pause im Erscheinen selenographischer Untersuchungen ein, bis sich 1864 zeigte, daß für die inzwischen verbesserten und vergrößerten optischen Hilfsmittel die eben besprochene Karte nicht mehr ausreichte. Daher setzte die „British Association“ ein Komite zur Beratung ein, und dieses schlug vor, zur Erlangung einer Mondkarte von 2½ Meter Durchmesser erst eine solche von 5 Meter Durchmesser anzulegen, in die alle Details bequem eingezeichnet werden könnten. Von dieser erschienen 1866 zwei Sektionen auf Mädlers Messungen und photographischen Aufnahmen beruhend, die 6° in Länge und 10° in Breite umfaßten, 1868 gelangte eine weitere Abteilung von 5° in Quadrat und später noch eine Sektion zur Ausgabe; seitdem scheint das Werk ganz zu ruhen.

Inzwischen hatte Julius Schmidt durch lange Jahre hindurch mehr als 1000 Zeichnungen einzelner Partien der Mondoberfläche und mehr als 3000 Messungen der Höhen von Mondbergen gemacht und diese unter Beibehaltung der Lohrmann'schen und Mädler'schen Positionsbestimmungen zur Herstellung einer Karte von 190 cm Durchmesser benutzt, die 1868 erschienen und die größte zusammenhängende Mondkarte ist, die wir haben.

Da nun auch auf den größten Mondkarten nicht alle Details, welche man mittelst eines guten Fernrohres sieht, eingetragen werden können, so stellt man jetzt auf photographischem Wege große Bilder einzelner Mondlandschaften dar, welche in zwei photographischen Mondatlanten erscheinen. Die Lick-Sternwarte in Kalifornien giebt einen solchen von 60 Blättern heraus, welche die verschiedensten Mondlandschaften in einem Maßstabe darstellen, den sie auf einer Mondkarte von 98 cm Durchmesser haben würden. In weit größerem Maßstabe ist ein von der Pariser Sternwarte unternommener Mondatlas angelegt, denn hier entsprechen die vergrößerten Mondlandschaften einer Karte von $2\frac{1}{2}$ m Durchmesser. Die gegenüberstehende Figur 5 ist eine verkleinerte Nachbildung eines Blattes des Pariser Atlas; dasselbe stellt den Mond im ersten Viertel dar nach einer am 13. Februar 1894 abends um 7 Uhr in Paris gemachten Originalaufnahme, auf welcher der Mond einen Durchmesser von 18 cm Durchmesser hat. Da im Fernrohr alle Bilder umgekehrt erscheinen, so ist Figur 5 für Betrachtung des Mondes mit freiem Auge verkehrt zu nehmen.

§ 8. Die Gebilde der Mondoberfläche.

Bei einer Betrachtung mit bloßem Auge scheint die Oberfläche des Mondes aus dunkeln und hellen Flecken zu bestehen, sobald man jedoch das Fernrohr auf dieselbe richtet, erkennt man, daß ihre Struktur keineswegs eine so einfache

Süd

'st  Ost

Nord

Fig. 5. Mond im ersten Viertel.

ist, sondern daß wir es vorwiegend in den hellen Partien mit weitverzweigten Erhebungen zu thun haben, die vorherrschend eine runde Gestalt zeigen, welche an die Krater der irdischen Vulkane erinnert. Ein etwas eingehenderes Studium der Mondoberfläche lehrt jedoch, daß außer den kraterartigen Gebilden noch Erhöhungen auf derselben vorkommen, die einen ganz anderen Charakter — nämlich mehr an unsere irdischen Gebirgszüge erinnernd — tragen, und daß endlich zwischen den Erderhebungen sich noch mehr oder weniger lange Spalten bemerkbar machen, und so kann man auf dem Monde folgende vier Hauptklassen von Formationen unterscheiden: Ebenen, Krater, Berge und Spalten, die hier der Reihe nach näher besprochen werden sollen.

Die Ebenen trennen sich ganz ungezwungen in dunkle und helle. Erstere sind mit bloßem Auge sehr gut wahrnehmbar; sie sind es, welche der Mondscheibe das fleckige Aussehen geben, in welchem Phantasie und Aberglaube allerlei wunderbare Gestalten hat erkennen wollen. Hevelius hat für die größeren derselben die Bezeichnung „Meer“ (mare) eingeführt, und Ricciolus im Anschluß daran die kleineren „See“ (lacus) und „Sumpf“ (palus) genannt unter Beifügung eines entsprechenden Eigennamen. Endlich ist noch für einzelne Teile der Meere der Gattungsnahme „Busen“ (sinus) im Gebrauch, aber mit diesen allgemeinen Ausdrücken haben weder die genannten noch spätere Selenographen die Ansicht aussprechen wollen, daß diese dunklen Flecke wirklich von Wasser gebildet seien, was entschieden nicht der Fall ist. Allerdings zeigen die Begrenzungslinien oder Ufer dieser Gebilde vielfach Gestaltungen, die an die Seeküsten der Erde erinnern, nämlich teils sanft ansteigende Erhebungen, teils schroffere Abstürze und klippenartige Vorsprünge. Dabei sind diese verschiedenartigen Meere, Seen und Sümpfe keineswegs streng von einander abgesondert, sondern gehen vielfach ineinander über oder haben irgend sonst eine Verbindung. Die einzigste ganz in sich abgeschlossene dunkle Partie ist das Mare Crisium, welches als ovaler dunkler Fleck in Figur 5 links am Rande etwas unterhalb der Mitte zu sehen ist. Auch stellen die Meere keineswegs überall glatt verlaufende Ebenen dar, sondern sind häufig von Kratern, kleinen Höhenzügen oder Spalten unterbrochen.

In noch viel höherem Grade ist dies bei den hellen Ebenen der Fall, die daher auch, und weil ihre Färbung der der Erhebungen sehr ähnelt, sehr leicht übersehen werden. Zudem sind sie viel seltener als die dunkeln Flecke, die in ihrer Gesamtzahl etwa $^2/_5$ der sichtbaren Mondoberfläche bedecken, und noch viel weniger als diese von ihrer Umgebung abgeschlossen, so daß es nicht verwunderlich ist, daß ihnen von den Selenographen keine besonderen Namen beigelegt sind, wenn man nicht die von Ricciolus gebrauchte Bezeichnung „Länder" (terrae) auf sie beziehen will. Die größte dieser hellen Ebenen ist unterhalb des Mare Crisium mit nahezu doppeltem Durchmesser wie dieses sich am Rande hin erstreckend in Figur 5 zu sehen.

Mit der Bezeichnung Krater pflegt man alle diejenigen Mondformationen zu belegen, die bei Betrachtung des Mondes mit ganz schwacher Vergrößerung eine runde Form zeigen, wobei sich allerdings sofort die Bemerkung aufdrängt, daß die einzelnen runden Gebilde der Größe nach sehr verschieden sind. Bei Anwendung stärkerer Vergrößerungen erkennt man aber bei sorgfältiger Betrachtung sofort, daß zwischen vielen dieser Erhebungen außer der rundlichen Gestalt keinerlei

Aehnlichkeit besteht, und daß ein großer Teil derselben einen Vergleich mit den Krateröffnungen unserer Erde nicht im entferntesten aushalten kann. Man hat sich daher genötigt gesehen, diese sogenannten „Krater" in verschiedene Unterabteilungen zu zerlegen, die sich freilich nicht streng gegeneinander abgrenzen lassen, sondern alle möglichen Zwischenstufen und Uebergangsformen aufweisen. Die naturgemäßeste Einteilung wäre vielleicht eine Scheidung in zwei Hauptgruppen, deren erste die größten hierher gehörigen Gebilde umfassen, welche nicht in dem Sinne vulkanischen Ursprungs sind, daß sie durch die Thätigkeit eines Vulkan entstanden sein können, während in die zweite Gruppe die kleineren Formationen zu rechnen wären, bei denen dies wahrscheinlich der Fall ist. Zu der ersten Abteilung wären die als Wallebenen, Bergkränze, Ringgebirge und Ringebenen vielfach bezeichneten Formationen zu zählen, die hier in der Reihenfolge der abnehmenden Größe genannt sind, so daß also die Wallebenen durchschnittlich den größten, die Ringebenen den kleinsten Durchmesser besitzen.

Alle die Gebilde dieser ersten Gruppe werden von Bergreihen gebildet, die in mehr oder minder regelmäßiger und geschlossener Kreisform von 30—240 Kilometer Durchmesser angeordnet sind. Die größten derselben, die sogenannten Wallebenen oder Bergkränze, zeigen bei Durchmessern von 60—240 Kilometer oft kaum noch die kreisförmige Gestalt. Der umschließende Wall besteht häufig aus mehreren Parallelketten, die durch tiefe Thäler getrennt aber auch wieder andererseits zuweilen durch Querzüge verbunden oder durch tiefe Päffe durchschnitten sind. Die innere Ebene liegt meist mit der äußeren, aus welcher sich das ganze Gebilde erhebt, auf gleicher Höhe und zeigt bisweilen Farbe und

Fig. 6.

Die Wallebene Gassendi.

Süd

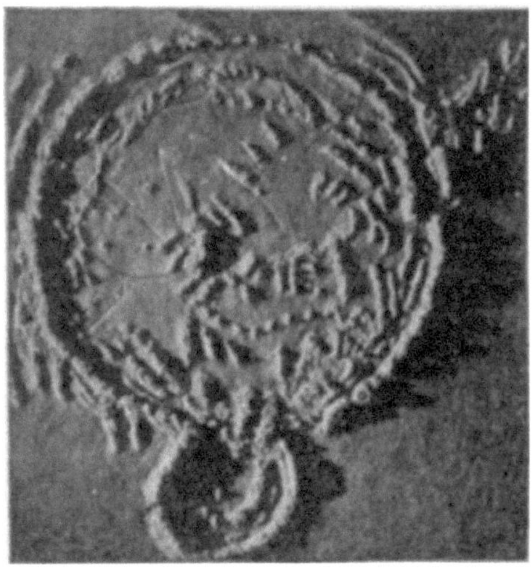

Bald nach Sonnenaufgang.

West Ost

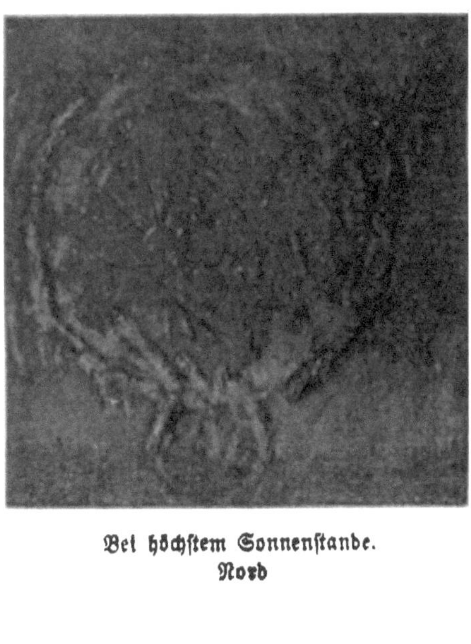

Bei höchstem Sonnenstande.

Nord

Charakter eines kleinen „Sees", ist aber manchmal von mehr oder minder großen Höhenzügen durchschnitten. Die nebenstehende Figur 6 zeigt die interessante Wallebene Gassendi in zweifacher Beleuchtung, um nicht nur derartige Mondformationen selbst, sondern auch ihr mit der Beleuchtung stark wechselndes Aussehen zu demonstrieren. Da das Gebilde so dargestellt ist, wie man es im astronomischen also umkehrenden Fernrohr sieht, so ist also in Figur 6 Norden unten, Süden oben, Osten rechts und Westen links vom Beschauer. Gassendi stellt eine Wallebene von 89 Kilometer Durchmesser dar und umfaßt einen Flächenraum von rund 5200 Quadratkilometer. Der umschließende Ringwall ist besonders im Südosten von unregelmäßiger Gestalt und sehr verschiedener Höhe, denn dieselbe sinkt im Süden auf 150^{m} herab, während sie im Osten und Westen das Zehnfache im Durchschnitt beträgt. Ueber diese mittlere Wallhöhe ragen einzelne Spitzen besonders im östlichen Walle bis zu beträchtlicher Höhe empor und zwar ist hier die höchste Erhebung im Gassendi überhaupt 2900^{m} über der umgebenden Ebene. Das innere der Wallebene liegt im Norden bis zu 600^{m} höher als die im Süden an den Gassendi sich anschließende Ebene des Mare Humorum und ist mit zahlreichen Höhenzügen und Bergspitzen besetzt, von denen die nahe dem Mittelpunkt gelegene Gruppe die höchste ist und sich in einem ihrer Gipfel bis zu 1200^{m} über die innere Fläche des Gassendi erhebt.

Im Norden ist der Wall des Gassendi durch eine Ringebene unterbrochen, die man als Gassendi A bezeichnet. Dieselbe hat etwa 30 Kilometer im Durchmesser und ihr breiter terrassenartig aufsteigender Wall erhebt sich im Westen 3950^{m}, im Osten etwa 3350^{m} über die das Innere bildende Ebene, welche erheblich tiefer liegt, als die umgebende Ebene, aus der Gassendi A emporsteigt. Dieser zeigt damit die hauptsächlichen Merkmale für die Ringebenen gegenüber den Wallebenen: Fester geschlossener Wall (die teilweise Zerstörung desselben bei Gassendi A durch das Zusammentreffen mit dem Wall von Gassendi ist vereinzelt), weniger runde als mehr polygonale Form, Tieferliegen des Innern als das Niveau der umgebenden Landschaft und damit verbunden meist steilerer Abfall des Walles nach innen als nach außen, geringere Ausdehnung (30—50 selten bis 90 Kilometer Durchmesser). Zwischen den Ringebenen und den Wallebenen nimmt man vielfach als Uebergang die **Ringgebirge** an, die im Gegensatz zu letzteren eine regelmäßige Form nnd im Durchschnitt geringere Ausdehnung besitzen aber wiederum größer sind, als die Ringebenen, von denen sie sich auch besonders dadurch unterscheiden, daß ihre Innenebene mit der äußeren auf gleichem Niveau liegt. Im allgemeinen ist es in vielen Fällen schwer zu entscheiden, in welche Unterabteilung das eine oder andere Gebilde gehört und die übliche Klassifizierung ist zuweilen eine rein konventionelle. Die in Figur 6 vorgeführten Beispiele einer Wall- und einer Ringebene gehören zu den kleinsten ihrer Gattung.

Zu der zweiten der von uns unterschiedenen Hauptgruppen übergehend, finden wir hier zunächst als größte Gebilde derselben, deren Durchmesser aber selten mehr als 30 Kilometer beträgt, die **Kraterebenen**, welche den zuletzt erwähnten Ringebenen der vorigen Gruppe sehr ähnlich sind, sich aber bei eingehenderem Studium als entschieden wohl von der Thätigkeit eines Vulkans herrührend darstellen, während man das von den oben besprochenen größeren Gebilden nicht annehmen kann. Endlich kommen wir zu den eigentlichen **Kratern**, d. h. Gebilden, wie sie unseren irdischen Vulkanen entsprechen, jedoch ohne eruptive Thätigkeit. Wir haben hier also Formationen mit scharfen, gut ausgeprägtem steilem Ringwall, der sich im Innern gleichmäßig nach der meist kleinen Kratersohle senkt, welch letztere häufig einen kleinen Eruptionskegel zeigt. Merkwürdig und charakteristisch ist, daß diese Krater meist zu den hellsten Punkten der Mondoberfläche gehören. Die kleineren Formen, d. h. solche deren Durchmesser zwischen 1 und 9 Kilometern schwankt, bezeichnet man wohl auch als Kraterchen, von denen sich die sogenannten Kratergruben von ungefähr gleichem Durchmesser dadurch wesentlich unterscheiden, daß sie keinen Berg darstellen, der oben die Krateröffnung zeigt, sondern daß diese letztere sich gleichsam unvermittelt im Boden öffnet. Mit anderen Worten: die Kratergruben sind Krater von ganz außerordentlich geringer Erhebung, die aus dem umgebenden Terrain meist so allmählich ansteigt, daß man sie nur äußerst schwer wahrnehmen kann. Die Senkung nach innen erfolgt meist etwas schneller nach der unter dem Niveau der Umgebung liegenden, aber trotzdem nur flachen Kratersohle, welcher Umstand sie bei hohem Sonnenstande dem Auge fast ganz verschwinden läßt, sie verraten sich dann meist nur noch durch eine hellere Färbung. Endlich sind hier noch die Kraterkegel zu erwähnen, worunter man sehr steile, spitze Kegel von $^1/_2$—4 Kilometer Durchmesser an ihrer Basis begreift, die an ihrer Spitze eine meistens halbsogroße Krateröffnung zeigen und bei steil einfallendem Licht als glänzendweiße, kleine Flecke erscheinen.

Alle die hier zuletzt besprochenen Gebilde von den Kratern bis zu den Kraterkegeln kommen nun nicht bloß in Ebenen, sondern noch viel häufiger auf den Spitzen oder Abhängen größerer Erhebungen vor, ja letztere erscheinen häufig ganz damit besetzt. Uebrigens sind größere und kleinere Krater und Kratergruben auf Figur 6 zu sehen; ein sehr hübscher Krater unterbricht im Nordosten den Hauptwall, während einzelne kleine auf anderen Erhebungen und im Innern zu finden sind. Zwei sehr hübsche Kratergruben zeigen sich auf dem südlichen Ausläufer des Centralbergs. Man achte auch auf die verschieden gute Sichtbarkeit dieser Formationen bei tiefem und hohen Sonnenstande.

Beer und Mädler haben einige Krater von 6—11 Kilometer Durchmesser, die im Mare Nubium und im Norden und Westen des Oceanus Procellarum liegen, als eine besondere Klasse von sogenannten „lichtumsäumten Kratern" unterschieden, weil sie im Umfange von 15—50 Kilometer von einer hellglänzenden Fläche umgeben sind, doch thut man wohl besser, dieselben nicht deshalb einer besonderen Abteilung zuzuweisen.

Endlich sei hier noch einer besonderen Klasse von Bildungen der Mondoberfläche gedacht, die vielfach mit Formationen der Krater-Gruppe verwechselt werden, nämlich der Depressionen oder Einsenkungen. Dieselben zeigen die mannigfaltigsten Formen, indem sie bald als Thäler zwischen Hügelreihen, bald als flache Vertiefungen ohne erkennbare Grenzen, bald umsäumt von unregelmäßig verteilten Kratern und Hügeln erscheinen und zudem bei wechselnder Beleuchtung ein sehr verschiedenes Aussehen darbieten. Meistens sind sie am deutlichsten bei ganz tiefem Sonnenstande zu sehen und erscheinen dann zuweilen wie unregelmäßige Wall- oder auch wohl Ringebenen oder Ueberreste von solchen, sodaß sie dann leicht Anlaß zu Irrtümern geben können, dagegen sind die meisten derselben bei voller Sonnenbeleuchtung gar nicht oder nur sehr schwierig wahrnehmbar. Es ist übrigens wohl möglich, daß man in einzelnen dieser Depressionen wirklich verfallene Wallebenen oder ähnliche zerstörte Formationen vor sich hat.

Waren die bisher besprochenen Gebilde den Oberflächenformen der Erde, welche den Namen ihnen geben hatten, im allgemeinen recht unähnlich, so ist bei den jetzt zu besprechenden Bergen auf der Mondoberfläche das gerade Gegenteil der Fall, denn diese zeigen im wesentlichen die gleichen Abarten wie ihre Namensvettern auf der Erde. Man trifft auf dem Monde geschlossene Bergketten mit einzelnen hohen Gipfeln; dann wieder Hochländer, die aus einzelnen durch lange Thäler getrennten, aber auch wieder durch Querrücken verbundenen Gebirgsketten bestehen, denen Vorberge angelagert sind, welche mit den Hauptzügen eine breite Masse bilden. Die drei schönsten Hochländer des Mondes sind in Figur 5 zu sehen und zwar nahe der Schattengrenze (rechte Bildseite) in der nördlichen (unteren) Hälfte; sie umschließen in einem weiten Kreisbogen drei Ringgebirge von verschiedener Größe, die die Ecken eines rechtwinkligen Dreiecks bilden, und von denen das größte, in welches die Sonne erst eben hineinzuscheinen beginnt, am weitesten rechts liegt. Das südlichste (oberste) dieser drei Hochländer sind die „Apenninen", die in der Richtung von Nord nach Süd eine Ausdehnung von 296 Kilometer haben, von Osten nach Westen sich über 267 Kilometer weit erstrecken und deren höchste Erhebung etwa 6000 Meter über die umgebende Ebene beträgt. In nordnordwestlicher Richtung von den Apenninen, aber von diesen durch eine breite Ebene getrennt, erstreckt sich der „Kaukasus", dessen höchste Spitze nicht ganz 5800 Meter erreicht. Von diesem wieder nördlich liegen die „Alpen", die sich in der Schattengrenze verlieren, deren Gipfel sich etwa nur 4000 Meter erheben. Man beachte übrigens dabei auch den höchst merkwürdigen schnurgeraden Thaleinschnitt in den Alpen der 5½ bis 9½ Kilometer breit und 133 Kilometer lang ist. Neben derartigen gewaltigen Gebirgen zeigt die Mondoberfläche auch weite Bergländer von 1500 bis 1800 Meter Höhe in ihren größten Erhebungen, und ausgedehnte Hügelländer in den verschiedensten Gestaltungen. Daneben kommen auch ganz isoliert liegende Bergspitzen vor, die durchschnittlich 1200 Meter hoch sind, doch erreichen einige wenige fast die doppelte Höhe. Außer diesen eigentlichen Bergen kommen dann noch Hochebenen mit mehr oder minder steilen Abhängen und zuweilen mit einzelnen Hügeln und Kratergruben besetzt vor; ferner finden sich Bergrücken bis 300 Kilometer Ausdehnung und in entsprechend kleinerem Maßstabe Landrücken; diese drei letzten Gattungen trifft man besonders häufig in den dunkeln Partien der Mondoberfläche an.

Vergeblich aber sucht man auf der Erde nach einem Analogon für jene eigentümlichen von Schröter auf dem Monde entdeckten und von ihm Rillen genannten Gebilde. Er verzeichnete deren 11, während Lohmann 75 weitere auffand, welchen dann Mädler noch 55 neue hinzufügte. Das von Schmidt über dieselben aufgestellte Verzeichnis umfaßt 425 Nummern, unter denen freilich auch das oben erwähnte gerade Thal in den Alpen figuriert, das wohl streng genommen nicht als Rille bezeichnet werden kann. Seit Schmidt aber hat sich die Zahl derselben mehr als verdoppelt und immer wieder werden neue aufgefunden. Figur 6 zeigt im Innern des Gassendi einige kleinere Rillen, an denen man ihren allgemeinen Habitus aber recht gut erkennen und auch ihr mit der Beleuchtung wechselndes Aussehen deutlich wahrnehmen kann. Diese Spalten, über deren wirkliche Natur man noch durchaus nicht im klaren ist, bilden längere (bis

500 Kilometer) oder kürzere, enge und ziemlich tiefe Schluchten oder Kanäle, die teils gerade, teils gekrümmt, teils einzeln, teils sich verzweigend und schneidend auftreten. Bald werden sie von einem Berge oder Krater unterbrochen, bald durchschneiden sie ihn oder laufen um ihn herum. Zuweilen gehen sie strahlenförmig von einem Krater aus oder umgeben ihn netzartig, zuweilen verlaufen sie zwischen zwei Bergen oder nehmen wenigstens einen solchen als Ausgangspunkt, zuweilen zeigen sie sich in Ebenen ohne besonders markierten Anfangs- und Endpunkt, kurz, sie zeigen die größte Mannigfaltigkeit, was ihre Deutung nur noch schwieriger macht.

Noch viel rätselhafter als diese Rillen sind ihrer Natur nach jene oft sehr ausgedehnten Systeme von hellen Streifen oder Strahlen, welche einzelne Gebilde der Mondoberfläche umgeben. Dieselben sind durchaus nicht immer sichtbar, sondern nur, wenn die betreffende Gegend unter voller Beleuchtung liegt. Sie gehen von einzelnen Formationen der Kraterklasse aus, indem sie meist in einiger Entfernung vom Walle beginnend nach den verschiedensten Richtungen hin auseinander laufen auf 300 bis 800 Kilometer Entfernung. Scheinbar ohne irgend eine Unterbrechung oder Störung zu erleiden, gehen sie über Ebenen, Krater, Berge und Thäler hinweg, an denen sie aber auch ihrerseits keine Veränderungen bewirken. Dann enden sie aber plötzlich am Fuße irgend einer Erhebung oder verlieren sich allmählich in den hellen und dunkeln Ebenen oder in den hellen Partien des Mondrandes. Fast immer verlaufen sie gerade, selten gekrümmt, gelegentlich jedoch verzweigen sie sich. Die Zahl derselben, welche von einem Gebilde ausgehen, ist sehr verschieden, der Krater Messier hat nur zwei, das Ringgebirge Tycho dagegen mehrere hundert getrennte Strahlen, das

System des Tycho ist überhaupt das glänzendste und ausgedehnteste auf dem Monde, denn einzelne Strahlen lassen sich auf 1000 bis 1200 Kilometer verfolgen. Was man sich unter diesen Strahlen zu denken hat, ist noch nicht mit Sicherheit zu sagen; die Ansicht von Beer und Mädler, daß diese Strahlen ganz unabhängig von der Bodenformation seien, wird sich wohl kaum halten lassen, weil dann nicht recht verständlich wäre, warum sie immer wieder genau an den gleichen Stellen erscheinen, manchmal machen sie auch den Eindruck von schmalen, sich durch eine Ebene hinziehenden ganz niedrigen Erhebungen.

§ 9. Licht, Luft und Wärme auf dem Monde.

Bei der beständig wechselnden Helligkeit des Mondes in seinen Phasen ist es natürlich, daß man eine bestimmte Erscheinung desselben bei der Vergleichung des Mondlichtes mit dem von anderen Objekten zu Grunde legen muß, und hierfür bietet sich am ungezwungendsten der Vollmond dar. Ueber die Vergleichung seiner Helligeit mit der der Sonne ist bereits auf Seite 38 das Nötige gesagt, und eine Messung des Helligkeitsunterschiedes zwischen Vollmond und Sternen stößt auf ähnliche Schwierigkeiten, wie die entsprechende Beobachtung bei der Sonne, so daß man hier keine allzu genauen Werte erwarten darf. Steinheil fand den Vollmond 17510mal heller als Arcturus, eine Zahl, die entschieden zu klein ist, da das Mondlicht bei der Beobachtung des Sternes auch wirksam war. Auch der von John Herschel aus 11 Messungen abgeleitete Wert 27408, um wievielmal der Vollmond heller als α Centauri sein sollte, dürfte zu niedrig sein, weil das von Herschel angewendete Reduktionsverfahren nicht ganz richtig ist. Bond endlich bestimmte die Vollmondshelligkeit

6430mal größer als die des Jupiter in mittlerer Opposition. Indem er die beiden ersten Werte enſprechend korrigierte und mit dem dritten vereinigte, fand G. Müller in Potsdam, daß der Vollmond in mittlerer Entfernung von der Erde etwa 65260mal heller sei als der helle Stern Capella (α Aurigae). Daraus würde folgen, daß der Vollmond in mittlerer Entfernung einem Sterne von —11,8 Größe[1] gleichkäme.

Auch die Vergleichungen des Mondlichtes mit Kerzenflammen sind noch vielfach recht unsicher. Aus den Bestimmungen dieser Art, die zu verschiedenen Zeiten von Bouguer, Lambert, Wollaston, Plummer und Thomson gemacht sind, findet Prof. Müller in Potsdam als wahrscheinlichsten Wert, daß die Beleuchtung, welche eine Fläche bei senkrechter Bestrahlung durch den im Zenith stehenden Vollmond (dieser in mittlerer Entfernung von der Erde) erfahren würde, derjenigen gleichkäme, die von einer in 2 m 7 cm Entfernung von der Fläche aufgestellten Normalkerze ausgeübt würde. Daraus würde weiter folgen, daß die m i t t l e r e s c h e i n b a r e H e l l i g k e i t (siehe Seite 41) des Vollmondes 1,09mal größer ist als diejenige einer Normalkerze in 1 m Entfernung vom Auge.

Was nun die Helligkeit der Mondphasen anbetrifft, so existieren darüber Messungen von John Herschel, Zöllner und Bond, von denen die des letzteren die ausgedehntesten sind und von denen der anderen beiden Beobachter ziemlich stark abweichen, dafür aber sich den auf Grundlage verschiedener Theorien berechneten Helligkeitswerten der Mondphasen etwas mehr annähern, als dies die von Herschel und Zöllner be-

[1] Ueber negative Sterngrößen siehe „Astronomie von A. F. M ö b i u s“ (Sammlung G ö s c h e n Nr. 11) Seite 140.

stimmten Größen thun. Daß keine der theoretisch abgeleiteten Formeln für die Mondphasenhelligkeit mit den thatsächlichen Verhältnissen auch nur angenähert stimmt, ist bei der unregelmäßigen Oberflächenbeschaffenheit des Mondes nur zu erklärlich. — In der folgenden Tabelle ist die Helligkeit des Vollmondes gleich 100 gesetzt und dann angegeben, wie hell die Mondphasen so viel Tage und Stunden vor und nach Vollmond sind, als die erste Kolumne angiebt, und zwar sind die von den einzelnen Beobachtern gefundenen Werte wegen der zwischen ihnen herrschenden Verschiedenheit getrennt aufgeführt. Die Messungen von Herschel und Zöllner gehen nur gerade halb so weit als die von Bond.

(Siehe die Tabelle auf Seite 84.)

Während aus dieser Tabelle folgt, daß nach Bonds Messungen die Helligkeit des ersten und letzten Viertels (7 Tage 9 Stunden vor und nach Vollmond) je 14,3 ist, würde nach der theoretischen Formel von Euler dafür sich die Helligkeit 50,0, nach der von Lambert 31,8 und nach der von Lommel und Seeliger 37,7 ergeben, welche Abweichungen daher kommen, daß bei allen diesen theoretischen Betrachtungen eine in allen Punkten gleichmäßig das Licht reflektierende Oberfläche des betreffenden Himmelskörpers vorausgesetzt werden mußte, die eben der Mond absolut nicht besitzt.

Nun wird aber der Mond durchaus nicht das ganze Licht, was er von der Sonne erhält, wieder ausstrahlen, wie das überhaupt kein beleuchteter Körper thut, und daher hat Lambert für das Verhältnis der reflektierten Lichtmenge zu der eingestrahlten die Bezeichnung „Albedo“ eingeführt, und diese definiert als das Verhältnis der von einem Flächenelement nach allen Seiten reflektierten Lichtmenge zu derjenigen, die dasselbe aus einer bestimmten Richtung empfangen hat.

Tage und Stunden vor oder nach Vollmond	Helligkeit des Mondes nach Herschel	Zöllner	Bond	Tage und Stunden vor oder nach Vollmond.	Helligkeit d. Mondes nach Bond
0 Tage 0 Stunden	100.0	100.0	100.0	6 Tage 13½ Stunden	20.6
0 „ 19¾ „	80.0	84.7	92.3	7 „ 9 „	14.3
1 „ 15¼ „	63.8	69.8	82.6	8 „ 4¾ „	9.5
2 „ 11 „	50.7	56.0	71.6	9 „ ½ „	6.1
3 „ 6¾ „	40.0	43.5	60.0	9 „ 20 „	3.7
4 „ 2½ „	31.2	32.8	48.5	10 „ 15¾ „	2.1
4 „ 22 „	23.9	23.8	37.8	11 „ 11½ „	1.1
5 „ 17¾ „	17.8	16.6	28.4	12 „ 7¼ „	0.5

Danach würde sich die Albedo mit der Richtung des einfallenden Lichtes ändern, und daher hat Seeliger vorgeschlagen, der Bequemlichkeit halber den Mittelwert sämtlicher für einen Körper nach Lamberts Definition möglichen Albedowerte einzuführen und diesen mit dem Namen „Albedo" zu belegen, wie im folgenden immer geschehen ist. Da man nun den Begriff der Albedo auf die lichtreflektierende Kraft des Stoffes, aus dem ein Himmelskörper besteht, bezieht, so ist klar, daß eine mit Erhebungen besetzte Oberfläche eines Planeten eine kleinere Albedo haben wird, als eine ganz glatte. Bestimmt man nun die sogenannte scheinbare Albedo des Mondes aus der Gesamtheit des von ihm reflektierten Lichtes, so wird man bei seiner unregelmäßigen Oberflächengestaltung bestimmt einen kleineren Wert erhalten als die „wahre" Albedo des Stoffes, aus dem seine Oberfläche besteht, einen Rückschluß auf diesen kann man also aus der scheinbaren Albedo nicht machen. Diese ist von Bond zu 0,096, von Zöllner zu 0,119, von G. Müller in Potsdam zu 0,129 bezw. 0,172 je nach der theoretischen Grundlage, die angenommen wurde, bestimmt worden.

Ueber die Stoffe, welche die Oberfläche des Mondes bilden, würde man nur dadurch einigermaßen Aufschluß erhalten können, wenn es gelänge, die Albedo einzelner Stellen der letzteren genau zu bestimmen, aber bisher existieren nicht einmal genaue Angaben über die Helligkeit der einzelnen Mondformationen. Die verschiedenen Selenographen haben die Helligkeiten der einzelnen Gebilde gegeneinander abgeschätzt, wobei sie sich allermeistens der von Mädler eingeführten 11 Helligkeitsgrade bedienten, nach denen 0° das Schwarz der Mondschatten bedeutet, 1° Schwarzgrau, 2° reines Dunkelgrau, 3° mittleres Grau anzeigt, welche 3 Grade hauptsächlich in den „Meeren" Anwendung finden, während die Stufen von 4—6, von denen 4° gelbliches Grau, 5° reines Hellgrau, 6° Grau-Weiß darstellt, vielfach auf Erhebungen und Thälern vorkommen, endlich bezeichnet 7° helles Grau-Weiß, 8° reines Weiß, 9° glänzendes Weiß, 10° blendendes Weiß, von denen letzteres wohl nur in dem strahlenden Ringgebirge des Aristarchus vorkommt. Pickering hat die Helligkeit einer großen Anzahl von Punkten der Mondoberfläche bestimmt und, indem er seine Messungen mit den Schätzungen Mädlers verglich, gefunden, daß der Unterschied zwischen zwei aufeinander folgenden Helligkeitsgraden des letzteren 0,6 Sterngrößenklassen beträgt. Seine Messungen, die übrigens noch der Bestätigung bedürfen, haben ergeben, daß die hellsten Stellen der Vollmondes etwa 160—170mal heller leuchten als die dunkelsten. — Hierbei sei erwähnt, daß das sogenannte „aschfarbene Licht", welches sich auf dem nicht von der Sonne beleuchteten Teile der Mondscheibe gelegentlich zeigt und am leichtesten und besten bei ganz schmaler Mondsichel zu sehen ist, nichts weiter ist als eine naturgemäß sehr schwache Erleuchtung, der nicht im Sonnenlicht liegenden Mondpartien durch die von der Sonne beschienene Erde. Desgleichen ist das bei totalen Mondfinsternissen auf der Mondscheibe zuweilen sichtbare schwache rötliche Licht dieser nicht eigentümlich, sondern dadurch hervorgerufen, daß die an der Erde vorbeistreifenden Sonnenstrahlen in der Atmosphäre derselben so gebrochen werden, daß sie auf den im Erdschatten befindlichen Mond fallen. — Aber sonst weist die Mondoberfläche an verschiedenen Stellen Farben auf, ganz abgesehen von dem Weiß, Gelb und Grau, in welchem die einzelnen Teile derselben schon mit bloßem Auge erkennbar leuchten. So zeigt sich unter günstiger Beleuchtung im Mare Serenitatis ein hellgrüner Ton, im Mare Crisium und Humorum ein dunklerer, aber nicht so entschieden grüner Schimmer, während das Mare Frigoris und Imbrium eine gelbbraune Färbung aufweist.

Untersuchungen des **Mondspektrums** zeigen keinerlei Abweichungen vom Sonnenspektrum, und auch die eben besprochenen besonders gefärbten Stellen zeigen keinerlei abweichendes spektroskopisches Verhalten. Zu erwarten wäre ja nur das Auftreten neuer Absorptionslinien im Sonnenspektrum gewesen; da dies nicht der Fall ist, so hat der Mond entweder keine oder nur eine außerordentlich dünne **Atmosphäre**.

Außer diesem Fehlen besonderer Absorptionsstreifen im Spektrum des Mondes führen die Verfechter der Ansicht, daß der Mond gar keine Atmosphäre habe, noch weiter zu ihren Gunsten an, daß man nie eine Spur von Wolkenbildung auf dem Monde wahrnimmt, daß bei Sonnenfinsternissen der Mondrand scharf und schwarz erscheint und nicht farbig umsäumt, daß die Mondschatten stets tief schwarz erscheinen und nicht grau, daß das Licht der Sterne, welche der Mond auf seinem Laufe bedeckt, keinerlei Abnahme zeigt, wenn sie sich dem Mondrande nähern, daß die Gebilde der Mondoberfläche am Rande gerade so scharf erscheinen wie in der Mitte, und daß der Mondrand heller erscheint als die Mitte, während beim Vorhandensein einer Atmosphäre das gerade Gegenteil der Fall sein müßte. Gegen diese Argumente wird von anderer Seite geltend gemacht, daß sie nicht das Fehlen einer Mondatmosphäre, sondern nur deren sehr geringe Dichtigkeit darthäten. Die Anhänger dieser Anschauung argumentieren so: Wenn der Mond sich von der Erde losgerissen hat, so ist gar nicht einzusehen, warum sich nur feste Materie und nicht auch im entsprechenden Verhältnis Wasser und Luft mit von der Erde getrennt haben sollen, diese können aber nicht verschwunden sein. Da die Masse des Mondes $^1/_{81}$ von der der Erde ist, so müßte danach die Luftmasse des Mondes in ebendemselben Verhältnis zu der der Erde stehen, sich aber über eine verhältnismäßig viel größere Oberfläche ausbreiten, denn die des Mondes ist $^1/_{13}$ von der der Erde, und viel höher sich vom Monde erheben, denn die Schwerkraft auf demselben ist nur $^1/_6$ von der der Erde. Danach könnte die Dichtigkeit der Mondatmosphäre höchstens $^1/_{50}$ von der der unseren betragen, wäre aber wahrscheinlich — nach Ansicht der Vertreter dieser Richtung — viel geringer, nämlich nur $^1/_{200}$ bis $^1/_{300}$, weil anzunehmen wäre, daß die Mondfläche Luft und Wasser in noch höherem Grade absorbiert, als das die Oberfläche der Erde thut. Als Beweis für das Vorhandensein einer dünnen Atmosphäre wird häufig angeführt, daß sich der Wert für den scheinbaren Monddurchmesser aus direkten Messungen um 2,8 Bogensekunden größer ergeben hat, als wenn man ihn aus Sternbedeckungen berechnet, was besagen würde, daß durch die Brechung des Sternlichtes in der Mondatmosphäre sein Verschwinden hinter dem Mondrande um 5—10 Zeitsekunden verspätet, sein Wiedererscheinen um ebensoviel verfrüht würde. Die Gegner wollen den berechneten Unterschied, wenn er überhaupt reell und nicht durch unsichere Messungen hervorgerufen wäre, durch Beugung des Lichtes, durch Irradiation erklären. Einen weiteren Beweis für die Mondatmosphäre hat man in der gelegentlichen Beobachtung von Dämmerungserscheinungen auf seiner Oberfläche gefunden. Danach erschiene der Schatten der Mondberge besonders gegen den Rand hin nicht immer schwarz und scharf, sondern gelegentlich grau und verwaschen; auch glauben verschiedene Beobachter bei schmaler Mondsichel an deren Spitzen, den sogenannten Hörnern des Mondes, Dämmerungserscheinungen wahrgenommen zu haben. Die von den Gegnern als Erklärung dieser Beobachtungen angeführte Beleuchtung dunkler Mondpartien durch von der Erde reflektiertes Sonnenlicht dürfte nicht allenthalben ausreichen. Ganz sicher aber kann sie nicht zur Erklärung der von verschiedenen Selenographen zuweilen wahrgenommen bläulichen Färbung beleuchteter Kraterwälle dienen, doch ist es nicht vollkommen ausgeschlossen, daß hier eine Unvollkommenheit der optischen Hilfsmittel die Ursache bildet. Mit größter Vorsicht sind aber solche Beobachtungen aufzunehmen, welche sich auf die Wahrnehmung von Nebelbildung auf dem Monde beziehen. Manche Beobachter wollen zuweilen gesehen haben, daß in Gegenden, für welche die Sonne gerade aufgegangen war, einzelne kleine Stellen (z. B. das Innere von Ringgebirgen oder Kratern) verwaschen und undeutlich erschienen und keine feinen Details erkennen ließen, daß diese aber mit steigender Sonne deutlich hervortraten. Derartige Beobachtungen verlangen — wenn sie zuverlässig sein sollen — eine außerordentlich genaue Kenntnis der betreffenden Mondörtlichkeit, damit man nicht durch wechselnde Beleuchtungseffekte irregeleitet wird. Endlich sind die als Beweis für das Vorhandensein von Luft und Wasser auf dem Monde an seinen Formationen zu Tage tretenden Verwitterungs- und Abwaschungserscheinungen noch nicht mit völliger Sicherheit konstatiert. — Ein vollgültiger Beweis ist also bisher weder für noch gegen die Existenz einer sehr dünnen Mondatmosphäre erbracht. —

Die Wärme, die der Mond ausstrahlt, hat man wiederholentlich im Laufe der Zeiten zu messen versucht, aber erst Lord Rosse gelang es, eine Wärmestrahlung beim Monde nachzuweisen, wirkliche Messungen derselben hat jedoch erst Langley mit Hilfe seines Bolometers in den Jahren 1883 bis 1887 gemacht; da es sich jedoch dabei um eine sehr kleine zu messende Größe handelt, so sind die Beobachtungen naturgemäß mit ziemlich erheblicher Unsicherheit behaftet. Langley hat nun nicht nur die Wärmestrahlung des Mondes direkt zu ermitteln gesucht, sondern er hat auch den ultraroten Teil (d. h. das sogenannte Wärmespektrum) des Mondspektrums untersucht und dabei die merkwürdige Erscheinung gefunden, daß der Mond auch Strahlen von größerer Wellenlänge, als wir sie von der Sonne erhalten, aussendet. Langley sucht dies durch die Annahme zu erklären, daß der Mond nicht die ganze von der Sonne empfangene Wärme sofort reflektiere, sondern daß ein Teil derselben von der Mondoberfläche aufgesaugt und erst allmählich wieder abgegeben werde, und zwar als Strahlen von größerer Wellenlänge. Das scheinen besonders die dunkleren Partien der Mondoberfläche zu thun, denn bei diesen ist die Wärmestrahlung etwas geringer als bei den hellen. Gegen eine verlangsamte Wiederausstrahlung der empfangenen Sonnenstrahlen sprechen aber die Beobachtungen auf dem nicht beleuchteten Teil der Mondoberfläche, welche gar keine Wärmestrahlung desselben ergaben, und ferner die sicher konstatierte Thatsache, daß im Laufe einer totalen Mondfinsternis die Wärme des Mondes sehr rasch sinkt und während der Totalität bis auf etwa 2% ihres ursprünglichen Betrages zurückgeht, um mit dem allmählichen Zurückweichen der Finsternis ebenso schnell wieder auf ihre anfängliche Höhe zu steigen. Aber wenn sich auch danach wohl die langsamere Abgabe der von der Mondoberfläche absorbierten Strahlen nicht halten läßt, so ist doch ein entschiedener Unterschied zwischen diesen und direkt reflektierten Strahlen nicht zu verkennen, und Langley hat das Verhältnis der ersteren zu den letzteren wie 4 : 1 gefunden; da aber unsere Erdatmosphäre Strahlen großer Wellenlänge (also die absorbierten und dann wieder ausgestrahlten) besonders stark aufsaugt, so schätzt Langley das wirkliche Verhältnis dieser zwei Strahlengattungen auf dem Monde wie 6,7 : 1. Die Mondstrahlen langer Wellenlänge überwiegen etwa 2—3 Nächte nach Vollmond am stärksten über die bloß reflektierten, und da eine langsamere Ausstrahlung der ersteren nach Obigem nicht anzunehmen ist, so kann diese Verzögerung des Maximums der Wärmestrahlung gegen das der Erleuchtung wohl nur daraus erklärt werden, daß das letzte Viertel, d. h. die östliche Mondhälfte, mehr dunkle Flecke aufzuweisen hat als das erste.

Langley hat auch gefunden, daß die Strahlung des Mondes in gleicher Weise von seiner Höhe über dem Horizont des Beobachtungsortes abhängig ist, wie dies bei der Sonnenstrahlung konstatiert ist. Die erstere steht zu letzterer im Verhältnis 1 : 70000 oder 1 : 110000. Dabei ist aber die Strahlung des Mondes nicht gleichmäßig auf seiner Oberfläche, sondern in seiner Mitte am größten, was wohl daher kommt, daß Emission und Reflektion daselbst nahezu senkrecht zur Mondoberfläche erfolgen. Setzt man die Strahlung der Mondscheibe im Centrum gleich 1, so fand sie sich 36 Stunden vor Vollmond am Westrand zu 0,958 und am Ostrand zu 0,574, war 13 Stunden nach demselben am Westrand 0,611, am Ostrand dagegen 0,727. Zwischen den polaren und äquatorialen Partien des Mondes scheint kein so großer Wärmeunterschied zu herrschen, wie zwischen den entsprechenden Gegenden der Erde.

Durch Vergleichung des Wärmespektrums des Mondes mit dem irdischer Wärmequellen kommt Langley zu dem Schluß, daß die effektive Temperatur auf dem Monde, wenn er voll ist, ungefähr bei +45° Cels. liege, die Bodentemperatur der uns zugekehrten Mondhälfte im Durchschnitt jedoch 0° nicht übersteige. Es liegt auf der Hand, daß dieses Resultat mehr den Wert einer persönlichen Ansicht als den eines streng wissenschaftlichen Ergebnisses hat.

§ 10. Die Veränderungen auf dem Monde.

Wir haben schon bei Besprechung der Mondformationen auf das ganz verschiedene Aussehen eines und desselben Gebildes unter veränderter Beleuchtung hingewiesen, wie das ja auch Figur 6 deutlich zeigt; wenn wir jetzt die Veränderungen auf der Mondoberfläche näher ins Auge fassen wollen, so sollen natürlich alle derartigen durch den Wechsel der Beleuchtung hervorgerufenen scheinbaren Veränderungen von der Betrachtung ausgeschlossen sein. Dasselbe gilt von denjenigen scheinbaren Veränderungen auf der Mondoberfläche, die durch die Libration[1] bedingt sind, und welche besonders in den Randpartien leicht zu Täuschungen Anlaß geben können. Im folgenden soll nur die viel umstrittene Frage näher beleuchtet werden, ob thatsächlich Neu- oder Umbildungen einzelner Gebilde auf dem Monde oder auch nur von Teilen derselben mit Sicherheit konstatiert sind. Die landläufige Anschauung ist, daß wir es auf dem Monde mit einer luft- und wasserleeren Wüste zu thun haben, die ihren Ursprung einer längst erloschenen vulkanischen Thätigkeit verdankt, wo sollen da Veränderungen vorkommen? Aber selbst wenn man

[1] Ueber Libration des Mondes siehe „Astronomie von A. F. Möbius" (Sammlung Göschen Nr. 11), 9. Auflage, Seite 69.

diese Vorstellung von der Mondoberfläche als richtig annehmen will, so würde man doch zugeben müssen, daß infolge der starken Erwärmung eines Mondgebildes während seiner 14tägigen Sonnenbestrahlung und der darauf folgenden zweifellos sehr beträchtlichen Abkühlung, während 14 Tage lang Nacht über ihm lagert, sich Ausdehnungen und Zusammenziehungen des Materials, aus welchem es besteht, vollziehen können, die zur Lockerung des inneren Zusammenhaltes desselben, zu Spaltenbildungen, ja zum völligen Zerfall einzelner Teile führen dürften. Nun werden derartige Veränderungen sehr schwer zu konstatieren sein, denn sie setzen eine kolossal genaue Bekanntschaft des Beobachters mit der betreffenden Oertlichkeit voraus, und selbst dann wird er nur größere Veränderungen wahrzunehmen vermögen, denn die meisten Bergstürze, wie sie auf der Erde vorkommen, würden auch mit den besten optischen Hilfsmitteln auf dem Monde ihres geringen Umfanges wegen nicht konstatiert werden können. Außer diesem allmählichen Verfall einzelner Gebilde wird man aber auch die Möglichkeit von Neubildungen zugeben müssen, sobald man entgegen der landläufigen Ansicht die vulkanische Thätigkeit auf dem Monde nicht als vollkommen erloschen betrachtet, und in der That beziehen sich die meisten Beobachtungen von Veränderungen auf Neubildungen, bei denen eben nur die einzige Schwierigkeit in der sicheren Konstatierung ihrer Neuheit besteht.

Eines der auffälligsten Beispiele für Veränderungen liefert der Krater Linné. Lohrmann beschreibt ihn als einen unter jeder Beleuchtung zu sehenden, sehr tiefen Krater von 10 Kilometer Durchmesser; Beer und Mädler rühmen seine Deutlichkeit besonders bei schräger Beleuchtung, auch Schmidt hat ihn im Anfang seiner Mondstudien so gesehen. 1866 zeigte jedoch Schmidt an, daß Linné verschwunden sei, und thatsächlich konnte man an seiner Stelle unter günstiger Beleuchtung nur eine sehr flache Depression von 8—10 Kilometer Durchmesser sehen, in deren Mitte einige ein kleines Hügelchen wahrzunehmen glaubten. Später sahen bei sehr schräger Beleuchtung Secchi, Buckingham und andere an der Stelle bei genauester Nachforschung ein ganz kleines Kraterchen von etwa 900 m Oeffnung, etwas später im Jahre angestellte Messungen verschiedener Beobachter ergaben seinen Durchmesser zu 3 Kilometer. Seither hat sich nichts verändert, d. h. bei Sonnenaufgang ist unter günstigen Beobachtungsverhältnissen das kleine Kraterchen zu sehen, bei höherem Sonnenstand erscheint die Stelle als weißlicher Fleck von 10 Kilometer Durchmesser. — Ein anderer hierher gehöriger Fall betrifft die sogenannte „Nova Klein“, d. h. ein von Dr. Klein entdecktes Kraterchen oder Kratergrübchen, welches in den Karten nicht enthalten ist, von dem der Entdecker aber nicht glaubt, daß es übersehen sein könnte, da es in der Nähe eines ganz ähnlichen Gebildes liegt, das in den Karten eingetragen ist. Indessen wird man zugeben müssen, daß diese Argumentation nicht beweisend ist, sondern daß doch eine Ungenauigkeit der Karten vorliegen kann. Bei Linné scheint diese Erklärung allerdings zunächst ausgeschlossen, wenn man aber berücksichtigt, daß eine Zeichnung Schröters vom Ende des vorigen Jahrhunderts den Linné auch nicht zeigt, sondern an seiner Stelle einen weißlichen Fleck, wie man ihn jetzt in kleineren Fernröhren an Stelle des Linné sieht, so wird man auch diesen Fall nicht als beweiskräftig ansehen können, wenigstens muß man die Möglichkeit eines Irrthums bei denen, welche den Linné als Krater sahen, zugeben.

Nicht minder zweifelhaft sind die Veränderungen am Krater Messier. Dieser besteht aus zwei Kratern von je 12 Kilometer Durchmesser, die von Beer und Mädler in den Jahren 1829—1837 nicht weniger als 300mal beobachtet wurden, weil Schröter an ihnen Veränderungen wahrzunehmen glaubte. Erstere konnten jedoch nichts der Art wahrnehmen, sondern fanden beide Krater stets absolut gleich an Durchmesser, Gestalt, Erhebung und Färbung. Davon ist gegenwärtig keine Spur mehr vorhanden, sondern sie sind von ungleicher Größe, und der eine Krater zeigt eine elliptische Form, deren große Axe von Nord nach Süd läuft, während der kleinere von unregelmäßiger Form ist, die sich einer von Ost nach West sich erstreckenden Ellipse annähert; auch viele kleinere Unterschiede zwischen beiden lassen sich leicht nachweisen. Will man hier eine thatsächliche Veränderung annehmen, so ist man vor die schwierige Aufgabe gestellt, zu erklären, wie es möglich ist, daß ein rundes Gebilde eine ovale Form annehmen kann.

Zwei entschiedene Neubildungen glaubt man in folgenden zwei Formationen zu erblicken. Die erste stellt einen gut sichtbaren, dunkel umrandeten Krater im Mare Nectaris dar, der auf Lohrmanns, sowie Beer und Mädlers Karten fehlt, während beide Karten schwache, ziemlich schwer sichtbare Hügel in der nächsten Umgebung des Kraters deutlich zeigen. Dieser selbst wird zuerst in Beobachtungen vom Jahre 1851 angegeben. — Das andere hier in Frage kommende Gebilde ist eine von Neison am 19. Mai 1877 zuerst gesehene Kratergrube dicht neben dem Hyginus, welche auf allen früheren Karten und Zeichnungen dieser Gegend, darunter auch solche von Neison selbst, fehlt, obgleich dieselbe bei auf- oder untergehender Sonne besonders deutlich zu sehen ist. —

Der Streit darüber, ob man es in diesen und allen ähnlichen Fällen wirklich mit Neubildungen zu thun hat oder nur mit Formationen, die früher übersehen wurden, kurz die Entscheidung der Frage, ob jetzt noch Gebilde auf der Mondoberfläche neu entstehen oder nicht, wird man erst sicher treffen können, wenn sich durch Zufall eine derartige Neubildung mal sozusagen unter den Augen eines Beobachters vollzieht, oder mit Hilfe der Photographie, denn solange die Beobachtungen verschiedener Selenographen — von denen womöglich der eine bereits verstorben ist — zur Begründung derartiger Vorgänge dienen müssen, solange werden auch Zweifel an der Zuverlässigkeit bestehen bleiben.

Ebenfalls noch nicht sicher konstatiert sind die Helligkeitsänderungen, die bei einzelnen Punkten der Mondoberfläche vorgekommen zu sein scheinen. Besonders merkwürdig ist darin eine von Mädler als sternhell glänzender Punkt, dem er volle 10° Helligkeit giebt, beschriebene Stelle im Krater Werner, die also zu Mädlers Zeit zu den hellsten auf dem Monde gehört haben muß. Jetzt thut sie das entschieden nicht mehr, sondern steht vielen anderen Punkten auf der Mondoberfläche an Helligkeit nach. Auch eigentümliche periodische Helligkeitsänderungen kommen bei einzelnen Gebilden vor, so z. B. im Innern des Ringgebirges Plato. Dasselbe zeigt bei Sonnenaufgang eine gleichmäßig dunkle Färbung, die mit steigender Sonne heller wird, wie das bei allen derartigen Stellen auf dem Monde sich zeigt, aber bald ändert Plato sein Verhalten, denn sein Inneres wird gegen die Zeit des Vollmondes wieder dunkler und dunkler, ist bei Eintritt desselben dunkelgrau und durchläuft bei abnehmenden Mond die entgegengesetzte Helligkeitsskala. Auch die zahlreichen Kraterkegel, mit denen die Innenfläche des

Plato besetzt ist, sind bald mehr bald weniger gut sichtbar, so daß man schon den Vorschlag gemacht hat, dieselben regelmäßig zu zählen, um dadurch vielleicht einigen Aufschluß über die sonderbaren Helligkeitsschwankungen im Innern des Plato zu erhalten. Mädler erwähnt übrigens noch andere ähnliche Helligkeits- und auch Farbenänderungen besonders in langen, gewundenen Thälern, die er durch eine wechselnde Vegetation möglicherweise erklären zu können meinte, doch wird man derartige Anschauungen nur mit der größten Vorsicht aufnehmen dürfen.

§ 11. Ansichten über die Entstehung der Gebilde auf dem Monde.

Eine allgemein gültige und allseitig acceptierte Anschauung über die Entstehung der eigentümlichen Formationen der Mondoberfläche giebt es nicht, sondern wir begegnen den verschiedensten und manchmal schwankenden Erklärungsversuchen.

Eine ziemlich alte, wenn nicht die älteste, hierher gehörige Theorie ist die von Hooke, die neuerdings R. Falb wieder aufgenommen hat, und nach welcher der Mond sich in einer seiner Entwicklungsstadien an seiner Oberfläche im Zustand einer zähen, feurig-flüssigen Masse befunden habe, in welcher sich Blasen durch aus dem Innern aufsteigenden Gase oder Dämpfe bildeten. Einige dieser Blasen platzten an ihrer obersten, dünnsten Schicht, während die untersten, dicken Teile derselben bei der Zähigkeit der Masse nicht wieder zerflossen, sondern zu einem Ringwall erkalteten. Einige Blasen erkalten wohl auch ohne zu platzen, die Gase und Dämpfe in ihrem Innern kondensierten sich und dadurch brach schließlich die obere dünne Blasendecke und stürzte in das Innere. — Etwas anders denkt sich Scrope den Vorgang. Nach ihm hat die vulkanische Thätigkeit auf dem Monde allenthalben Berge und Gebirge emporgetrieben, ähnlich wie wir das bei den vulkanischen Gebirgen unserer Erde annehmen, wobei sich im Innern unter diesen Bergen weite Hohlräume bildeten, welche häufig so weit in die Berge und deren Spitzen hineinragten, daß diese bei irgend welchen Erschütterungen oder durch allmähliche Verwitterung in das Innere dieser Hohlräume stürzten und so die kraterartigen Oeffnungen hervorriefen.

Nach der von Schmick geäußerten Anschauung habe der Mond, als seine Oberfläche noch in feurig-flüssigem Zustand war, unter dem Einfluß der Erde starke Ebbe- und Flut-Erscheinungen gezeigt und durch diese seien die sich beim Erkaltungsprozeß zuerst bildenden. Schlackenschollen nach den Polen hingetrieben worden, wo sie sich zu einer zunächst nur lose zusammenhängenden Kruste verbanden, unter der aber die Flutbewegungen immer noch fortdauerten und dabei bald die eine bald die andere Scholle aus dem noch lockeren Verbande mit den übrigen heraus und empor drückten. Durch die so entstandene Oeffnung drängten sich feurig-flüssige Massen auf die Oberfläche, dadurch wurde der starke Druck an dieser Stelle vermindert, die gehobene Scholle konnte sich wieder senken, wenn auch vielfach nicht bis auf ihr altes Niveau, und sperrte die ausgetretenen Massen von der inneren Flutwelle ab, und diese erkalteten allmählich um die Scholle als Ringwall. Als schließlich die Flutbewegung nachließ und die Kruste die ganze Mondoberfläche bedeckte, da fand kein solches Austreten von Masse aus dem Innern mehr statt, obwohl das Auf- und Niederfluten der flüssigen Massen daselbst fortdauerte und noch das gelegentliche Einsinken ganzer Gegenden in ein Wellenthal verursachten, wodurch

Depressionen entstanden, die die nachfolgende Flutwelle nicht immer wieder zu heben vermochte. Die Schmidsche Anschauung sieht also von der Wirksamkeit vulkanischer Kräfte in der Hauptsache ab, dieselbe erinnert aber etwas an die von dem Amerikaner Dana geäußerte Ansicht, daß die Ringgebilde auf dem Monde durch Ueberkochen von Lavaseen entstanden seien, wie man es im kleinen an dem Lavasee auf Hawai noch sehen könne. — Ebenfalls mit einer einstmals feurig-flüssigen Oberfläche des Mondes rechneten diejenigen, welche sich die kraterartigen Gebilde durch Hereinstürzen von kosmischen Massen (z. B. Meteorsteinen) in diese zähe Flüssigkeit entstanden denken. Aber wenn dieser feurigflüssige Zustand, diese einstmals lavaartige Oberfläche des Mondes immer noch an vulkanischen Ursprung, wenn auch nicht mit wirklicher vulkanischer Thätigkeit, erinnert, so verzichtet die Ansicht Rozets gänzlich auf einen solchen, denn er denkt sich die Ringwälle aufgeworfen durch Wirbelstürme. Wie aber so heftige Wirbelstürme in der so dünnen Mondatmosphäre, wenn überhaupt eine existiert, entstehen und sich auch lange genug auf einer Stelle halten können, um so kolossale Wallebenen aufzuwerfen, darauf bleibt Rozet die Antwort freilich schuldig.

So viel geht wohl aus den bisher gekennzeichneten Ansichten zur Genüge hervor, daß man nicht mit einer einzigen Ursache als Erklärung für die Entstehung der Mondgebilde auskommt oder wenigstens die Entwicklung so ganz verschiedener Formationen auch in ganz verschiedenen Zeiten annehmen muß. Vielleicht hat man die großen Wallebenen, Ringgebirge und Ringebenen als die ältesten Gebilde der Mondoberfläche zu betrachten, indem man ihre Entstehung in eine Zeit setzt, zu welcher die erkaltete Oberfläche des Mondes noch eine verhältnismäßig dünne Rinde um die im Innern brodelnde feurig-flüssige Masse bildete. Diese verursachte gelegentlich — durch Gasentwicklungen im Innersten nach außen getrieben — auf mehr oder minder große Stücke der erkalteten aber noch schwachen Schale einen lokalen Druck, welche bald ein größeres bald ein kleineres Stück derselben hob, die Gase und Dämpfe, sowie ein Teil der flüssigen Masse drangen rings um das gehobene Stück aus den Spalten an die Oberfläche und hier erkaltete die unserer Lava ähnlich zu denkende Materie aus dem Innern zu einem das gehobene und allmählich wieder ungefähr auf sein früheres Niveau zurückgesunkene Oberflächenstück umgebenden mehr oder minder hohen und regelmäßigen Ringwall. So ungefähr denkt ja auch — wie oben erwähnt — Schmick sich den Vorgang, nur nimmt er als innere treibende Kraft eine durch die Erdattraktion im Mondinnern hervorgerufene Flutwelle an. — Als die Oberflächenschicht des Mondes durch fortgesetztes Erkalten dicker und fester wurde, da konnten die treibenden Kräfte des Innern nicht mehr große Stücke der Mondoberfläche zeitweilig aus dem festen Verbande herausreißen und emporheben, sondern es gelang ihnen nur noch entweder einen Spalt aufzureißen, aus dem glühende Masse drang und sich über ihm auftürmend erkaltete, oder eine mehr oder minder mächtige Auffaltung des Bodens zu verursachen, d. h. es bildeten sich die Gebirge des Mondes auf dieselbe Art, wie wir uns etwa die Entstehung unserer irdischen Bergmassen denken. — War die Außenseite noch mehr erkaltet und erstarrt, oder hatten auch die treibenden Kräfte im Innern an Stärke verloren, dann vermochten sie nur noch ganz lokal in dünnen radial die Oberfläche der Mondkugel durchbrechenden Kanälen sich einen Weg nach außen zu bahnen. Sobald ein solches Abzugsrohr für die Gase und die flüssige Masse des Innern die Oberfläche erreicht hatte, hörte plötzlich der Widerstand, den die feste Mondrinde dieser Durchbohrung entgegengesetzt hatte, auf, während die treibende Kraft die gleiche blieb, wodurch die aus dem Innern empor getriebenen Massen hoch empor geschleudert wurden, wobei sie noch die um die Ausbruchstelle gelagerten Oberflächenteile mit sich rissen. Diese ganze empor geschleuderte Materie fiel je nach der Stärke des Auftriebs in mehr oder minder weitem Kreise um die Ausbruchsstelle nieder, sich hier während der Fortdauer des Ausbruchs allmählich zu einem Wall aufhäufend, während gleichzeitig um den eigentlichen Kanal aus dem Innern an der Oberfläche ein sich ständig erweiternder Trichter bildete. Dauerte dieser ganzer Vorgang bei langsam abnehmender Eruptivkraft eine Zeit lang fort, so floßen schließlich die Innenabhänge des sich ständig verengernden Ringwalles mit den Seitenwandungen des Ausbruchstrichters zu einem großen Trichter zusammen und der Krater war fertig. War dann noch genügende vulkanische Thätigkeit vorhanden, so bildete sich in der Mitte ein mehr oder weniger hoher und großer Aschenkegel, der die untere Trichteröffnung verschloß, oder es trat Lava aus dieser in den Kratertrichter, ihn bis zu größerer oder geringerer Höhe füllend und so einen Krater mit flachem Boden bildend; füllte die Lava das Innere des Kraters vollständig bis zum oberen Rande aus, so hatte sich an dieser Stelle ein Plateau gebildet. — Diese Krater bildende vulkanische Thätigkeit wurde im Laufe der Zeiten schwächer und schwächer, dadurch die Krater kleiner und kleiner, bis sich nur noch Kratergruben mit kaum noch merklicher Erhöhung und endlich nur noch kleine Kraterkegel bildeten. Dabei werden die Massen des Innern häufig jene alten

Kanäle, über denen sich bereits Krater aufgetürmt hatten, wieder benutzt haben, denn hier hatten sie nur den geringen Widerstand, der ihnen der oberflächliche Verschluß solcher Abzugsrohre entgegensetzte zu überwinden, und so kam es, daß sich auf den größeren Kratern und auf den Plateaus wieder zahlreiche kleine Krater ansiedelten.

Aber die vulkanische Kraft als Ursache für Oberflächenbildungen des Mondes läßt sich nicht allenthalben annehmen, denn man findet z. B. an den Ufern der sogenannten Mondmeere, die ja jetzt bestimmt kein Wasser mehr enthalten, Gestaltungen, welche an die frühere Thätigkeit von Wasser gemahnen, so groß ist ihre Aehnlichkeit mit Gebilden der Erdoberfläche, die bestimmt dem Wasser ihre Entstehung verdanken. Auch die Rillen hat man vielfach als frühere Flußläufe ansehen wollen, worauf ihre oft muldenförmige Gestalt auch hindeuten würde, aber alle derartigen Annahmen müßten sich mit der Frage abzufinden wissen, wo das Wasser denn geblieben sei, da man jetzt auf dem Monde höchstens hie und da schwache Nebelbildungen als einzigstes wahrnehmbares Anzeichen von Feuchtigkeit beobachtet haben will. Fauth denkt sich die Rillen oder wenigstens ein Teil derselben durch Erschütterungen der Mondoberfläche, also durch „Mondbeben“ entstanden, indem er annimmt, daß die ursprünglich scharfen Ränder dieser so entstandenen Risse allmählich abbröckelten und nach innen fielen, wodurch die Risse sich verbreiterten und verflachten, d. h. die heutige Gestalt der Rillen annahmen. Bei dieser Erklärung ist allerdings die außerordentliche Länge mancher Rillen schwer verständlich, wenn man nicht eine ganz außerordentliche Sprödigkeit des Mondmaterials annehmen will, wie Fauth selbst zugiebt.

Was endlich jene hellen nur bei voller Beleuchtung sichtbaren Strahlen und Streifen auf dem Monde betrifft, so hat man sie einmal, weil sie auch immer einen Krater zum Ausgangspunkt haben, als Folgen inneren Drucks ansehen oder andererseits eine durch innere Hitze hervorgerufene Art Verglasung des Bodens, wie sich solche stellenweise auch in der Umgebung irdischer Krater zeigt, darin erblicken wollen, jedenfalls neigt also auch hier die Meinung einem vulkanischen Ursprung zu. Diese Strahlen sind aber in ihrem Verhalten so eigentümlich und rätselhaft, daß es vielleicht niemals gelingen wird, über ihre wahre Natur und ihre Entstehungsart ins klare zu kommen.

Die obigen Darlegungen rechtfertigen wohl zur Genüge die Ueberschrift dieser Paragraphen, denn es giebt wohl kaum ein Gebiet der Selenographie, aus dem wir so wenig Zuverlässiges wissen, wie über die Entstehung der Mondformationen. —

Drittes Kapitel.

Die Planeten und ihre Trabanten.

§ 12. Helligkeiten und Spektra der Planeten und Trabanten.

Von den 473 Himmelskörpern, die wir augenblicklich in unserem Sonnensystem kennen, sind zwei in den vorhergehenden Kapiteln ausführlich besprochen, die Beschaffenheit eines dritten, unserer Erde, bildet einen gesonderten Wissenschaftszweig, der außerhalb der vorliegenden Schrift steht, so blieben noch 470 zu besprechen. Von diesen sind nur 6—7 durch Größe oder Stellung so ausgezeichnet, daß man von der Erde aus Einzelheiten auf ihnen erkennen kann, und diese sollen in den folgenden beiden Paragraphen näher behandelt werden. Die sämtlichen übrigen mehr als $4^1/_2$ Hundert Körper im Sonnensystem können bis jetzt nur dadurch auf ihre Beschaffenheit untersucht werden, daß man das von ihnen ausgestrahlte Licht auf seine Helligkeit und Zusammensetzung prüft und daraus seine Schlüsse zieht, die freilich vielfach sehr unsichere sind. Diese eigentümliche Sachlage läßt es hinlänglich gerechtfertigt erscheinen, daß im vorliegenden Paragraphen die an Planeten und Trabanten angestellten Helligkeits- und Spektraluntersuchungen im Zusammenhang behandelt werden sollen; für die meisten Körper im Sonnensystem ist damit alles gesagt, was man über ihre Beschaffenheit weiß.

Um aus den Helligkeitsverhältnissen eines Planeten einen Rückschluß auf seine Oberflächenbeschaffenheit machen zu können, ist es nötig das Verhältnis zu kennen, in welchem das von einer beleuchteten Fläche wieder ausgestrahlte Licht zu der Gestalt und Natur dieser Fläche und zu der Art ihrer Beleuchtung steht. Nun kennen wir aber in Wahrheit diese Beziehungen, die sicherlich sehr kompliziert sind, nicht, sondern müssen uns mit theoretisch ermittelten Gesetzen behelfen, die alle nur eine Annäherung an die Wahrheit bedeuten. Solche Gesetze sind von Euler, Lambert und Lommel-Seeliger aufgestellt, und wenn auch das letzte derselben wohl der Wirklichkeit am nächsten kommt, so vermag es doch noch längst nicht alle am Himmel auftretenden Helligkeitsverhältnisse darzustellen und zu erklären. Die größte Schwierigkeit bietet dabei immer die Aufgabe, eine Formel aufzustellen, nach welcher man die Helligkeit einer unvollständig erleuchteten Kugel berechnen kann, wenn die Helligkeit der vollständig beleuchteten bekannt ist, also z. B. die Helligkeit der verschiedenen Lichtgestalten oder „Phasen“ des Mondes in Bruchteilen der Vollmondhelligkeit auszudrücken. Es ist bereits auf Seite 83 darauf hingewiesen, das die drei verschiedenen theoretischen Ausdrücke, diese Aufgabe beim Mond absolut nicht zu lösen vermögen, weil dieselben notgedrungen eine glatte, das Licht überall gleich stark reflektierende Oberfläche des betreffenden Körpers voraussetzen, die der Mond eben nicht besitzt.

Schon etwas besser als beim Monde werden die betreffenden Formeln die Phasenhelligkeit bei solchen Körpern darstellen, die von einer Atmosphäre umhüllt sind, welche das von außen kommende Licht teilweise reflektiert, während der Rest an der Oberfläche des Körpers selbst reflektiert wird. Ist endlich die Atmosphäre eines Planeten oder Trabanten so dicht oder so mit Kondensationsprodukten (Wolken) erfüllt, daß das Sonnenlicht schon in den äußersten Schichten derselben reflektiert wird, so wird die theoretisch vorausgesetzte glatte, gleichmäßig reflektierende Oberfläche in der Wirklichkeit nahezu erreicht sein. Die Helligkeit einer bestimmten Phase hängt natürlich davon ab, wie groß das Stück der der Erde zugewendeten Halbkugel des betreffenden Himmelskörpers ist, welches im Schatten liegt, und dieses wird am einfachsten durch den im Winkelmaß ausgedrückten Kreisbogen auf dem Aequator des fraglichen Planeten gemessen. Diese Größe des verfinsterten Teiles der Kugel entspricht dem Winkel, welche die vom Mittelpunkt der Kugel nach Sonne und Erde gezogenen Richtungslinien mit einander einschließen; man bezeichnet denselben als „Phasenwinkel“. So scharf und bequem wie beim Mond lassen sich nun freilich die Phasen bei den Planeten nicht beobachten, am besten noch bei der Venus; beim Merkur erlaubt seine große Nähe bei der Sonne nur Messungen bei 50° bis 120° Phasenwinkel. Bei den außerhalb der Erdbahn kreisenden Planeten kann der Phasenwinkel naturgemäß nicht groß werden, so beim Mars höchstens 50°, bei den Planetoiden höchstens 30°, beim Jupiter 12°, beim Saturn 6°, beim Uranus 3° und beim Neptun noch nicht einmal 2°. Bei den vier letzten darf man daher kaum eine meßbare Helligkeitsänderung mit der Phase erwarten, und in der That tritt eine solche auch nicht auf, nur beim Saturn scheint merkwürdigerweise eine solche angedeutet. In der folgenden Tabelle sind zunächst die Phasenhelligkeiten von Mond, Merkur und Venus für das beim Merkur beobachtbare Phaseninterwall von 50° bis 120° und ferner die entsprechenden Größen von Mond, Mars und Venus für die beim Mars vorkommenden Phasenwinkel bis 48° mit den Ergebnissen der Lambertschen Theorie, die in diesen Fällen noch die größte Annäherung an die Wahrheit zeigt, zusammengestellt und zwar so umgerechnet, daß stets die Helligkeit bei kleinstem Phasenwinkel gleich 100 ist.

(Siehe nebenstehende Tabelle.)

In dieser Zusammenstellung sind die Angaben der Phasenhelligkeit des Mondes aus den beobachteten Werten von Bond und Zöllner, der von Merkur, Venus und Mars aus G. Müllers Messungen berechnet. Da wir nur wissen, daß der Mond entweder gar keine oder nur eine sehr dünne Atmosphäre hat, der Mars dagegen eine solche, die nach Zusammensetzung und Dichte unserer irdischen sehr ähnlich ist, so folgt aus obiger Tabelle, daß der Merkur wahrscheinlich eine ziemlich dünne, die Venus dagegen eine sehr dichte Atmosphäre hat. Zu einem entsprechenden Resultat werden wir durch die Vergleichung der Albedowerte geführt. Der Begriff der Albedo nach der Seeligerschen Auffassung ist oben auf Seite 85 erläutert; man kann nun die Albedo eines Planeten auf Grund der verschiedenen Theorien berechnen, wenn man

Phasenwinkel	Phasenhelligkeit bei				Phasen-Winkel	Phasenhelligkeit bei			
	Mond	Merkur	Venus	Lamberts Theorie		Mond	Mars	Venus	Lamberts Theorie.
50 °	100,0	100,0	100,0	100,0	0 °	100,0	100,0	100,0	100,0
60	90,7	90,0	95,7	94,1	8	92,2	93,3	93,8	99,4
70	80,0	79,0	91,0	87,6	16	83,2	86,6	87,7	97,8
80	67,9	67,6	86,0	79,3	24	73,2	79,9	81,6	95,0
90	54,1	55,2	80,4	70,0	32	62,0	73,2	75,4	91,1
100	39,0	42,4	74,2	59,0	40	49,7	67,0	68,7	86,6
110	22,1	28,6	67,4	45,5	48	35,7	60,3	61,4	80,4
120	3,4	14,1	59,9	30,0					

die Größe des Planeten und die Helligkeit der Sonne im Vergleich zu anderen Lichtquellen kennt, welche Kenntnis allerdings bisher noch eine mangelhafte ist, weshalb auch die Albedowerte, wie sie sich nach der Lambertschen und Seeligerschen Theorie ergeben und in der folgenden Tabelle nach den Berechnungen von Müller aufgeführt sind, noch recht unsicher erscheinen. Die 4. und 5. Kolumne der kleinen Tafel geben die größte und kleinste Helligkeit, in welcher der betreffende Planet von der Erde aus gesehen erscheinen kann, in Sterngrößen [1] ausgedrückt, die dabei über die gewöhnliche Skala ins Negative hinein fortgesetzt sind. Die letzte Spalte endlich giebt an, wievielmal der Planet in seiner günstigen Stellung heller erscheint als in seinem schwächsten Lichte.

Planet	Albedo n. d. Theorie von		Helligkeit i. Sterngrößen		Größtes Licht heller als kleinstes
	Lambert	Seeliger	größte	kleinste	
Merkur	0,140	0,187	—1,2	1,1	8,3mal
Venus	0,758	1,010	—4,5	—0,9	27,5 "
Mars	0,220	0,293	—2,8	1,6	57,5 "
Jupiter	0,616	0,821	—2,5	—1,5	39,8 "
Saturn	0,721	0,961	—0,3	1,5	5,2 "
Uranus	0,604	0,805	5,5	6,3	2,1 "
Neptun	0,521	0,694	7—8	7—8	1,2 "

Wenn man bedenkt, wie kräftig die Wolken in unserer Atmosphäre das Sonnenlicht zurückstrahlen, so daß sie glänzend weiß erscheinen, so wird man sagen können, daß diejenigen Planeten, deren Atmosphärenhülle ganz mit solchen Kondensationsprodukten erfüllt ist, das Licht am stärksten zurückwerfen, also die größte Albedo haben werden. Aehnelt dagegen die Atmosphäre eines Planeten mehr der unsere Erde

[1] Ueber Sterngrößen und deren negative Werte siehe: „Astronomie von F. A. Möbius", 9. Auflage, Seite 140 (Sammlung Göschen Nr. 11).

an Dichtigkeit, so wird ein großer Teil des von ihm zurückgestrahlten Lichtes erst an seiner viel dunkleren und also mehr Licht absorbierenden Oberfläche reflektiert, die Albedo wird demnach kleiner sein müssen als bei der ersten Gattung. Besitzt dagegen ein Planet gar keine oder nur eine äußerst dünne Atmosphäre, so wird es in erster Linie von der Beschaffenheit seiner Oberfläche, d. h. vom dem Material, aus welchem sie vorwiegend bestehen, abhängen, wie groß seine Albedo ist, im allgemeinen wird diese aber klein sein, denn die meisten uns bekannten festen Materialien reflektieren das Licht schwächer als z. B. voll beleuchtete Cumuluswolken. Da nun der Mars eine der unseren sehr ähnlichen Atmosphäre besitzt, so werden wir nicht irre gehen, wenn wir denjenigen Planeten eine dünnere Atmosphäre als die unsrige zuschreiben, deren Albedo kleiner ist als die des Mars, was nach obiger Tabelle nur beim Merkur der Fall ist; alle übrigen Albedowerte sind erheblich größer als beim Mars, die Atmosphäre dieser Planeten also wohl viel dichter. Daß die Albedo der Venus nach Seeligers Formel sogar größer als die Einheit wird, ist ja eigentlich mit dem Begriff der Albedo unvereinbar und würde andeuten, daß dieser Planet auch eigenes Licht aussendet. Da dies aber nicht sehr wahrscheinlich ist, so wird man wohl lieber dieses auffällige Resultat auf die Ungenauigkeit der zur Rechnung verwendeten Sonnenhelligkeit schieben. Jedenfalls besitzt die Venus eine sehr große Albedo, wenn man auch wohl nicht anzunehmen braucht, daß ihre Oberfläche spiegelnd reflektiert. Die Albedo des Merkur würde den in der Tabelle gegebenen Werten entsprechen, wenn dieser Planet keine Atmosphäre hätte und aus Thonmergel bestände.

Was die Helligkeiten der Planeten anbetrifft, so sind die

starken Schwankungen derselben nicht wie beim Monde durch Phasen, sondern durch ihre so sehr verschiedene Entfernung von der Erde, bedingt, deren größte und kleinste Werte man in der Tabelle auf Seite 110 der 9. Auflage von Möbius' „Astronomie" (Sammlung Göschen Nr. 11) findet; daher kommt es auch, daß die Planeten durchaus nicht immer bei vollbeleuchteter Scheibe im hellsten Lichte erstrahlen. Am schlagendsten zeigt sich das bei der Venus, die ja bei vollbeleuchteter Scheibe ihre größte Entfernung von der Erde hat, dagegen im größten Glanze erstrahlt, wenn ihr Phasenwinkel zwischen 117° und 120° (je nach der Stellung von Venus und Erde in ihren Bahnen) liegt, sie also sich als leuchtende Sichel darstellt.

Aus der großen Zahl der Planetoiden sind erst verhältnismäßig sehr wenige auf ihre Helligkeitsschwankungen hin genauer untersucht worden, doch haben diese teils von Parkhurst, teils von G. Müller herrührenden Beobachtungen klar eine Schwankung der Helligkeit mit der Phase erwiesen. Der Verlauf, die Lichtzu- und abnahme mit der Phasenänderung, zeigt bei den bisher untersuchten 34 Planetoiden keine erheblichen Differenzen, und wenn man das Mittel aus den Helligkeitskurven für diese verschiedenen kleinen Planeten nimmt, so erhält man ein dem Merkur am nächsten kommendes Verhalten, was also auf eine gewisse Aehnlichkeit der Oberflächen- und Atmosphärenbeschaffenheit zwischen den Planetoiden und dem Merkur hindeuten würde. Die Probe darauf durch Berechnung der Albedowerte kann man deshalb nicht machen, weil es bisher nicht möglich war, die Durchmesser dieser kleinen Himmelskörper direkt zu messen. Erst neuerdings hat Barnard mit dem Riesenfernrohr der Licksternwarte in Kalifornien die Durchmesser der Ceres zu 779, der

Pallas zu 489 und der Vesta zu 391 Kilometer bestimmen können, woraus sich dann die Albedowerte nach Lamberts und Seeligers Formeln für Ceres zu 0,170 bezw. 0,227, für Pallas zu 0,258 bezw. 0,344 und für Vesta zu 0,810 bezw. 1,080 ergeben, d. h. für Ceres wäre die Albedo etwas größer als die des Merkur, für Pallas etwas größer als die des Mars und für Vesta überstiege sie sogar den Albedowert der Venus, aber gerade diese Zahlen zeigen noch die ganze Unsicherheit der zu Grunde gelegten Größen.

Man kann nun aber umgekehrt unter Annahme eines Albedowertes die Durchmesser der Planetoiden aus ihren

Nummer und Name des Planetoiden	Durchmesser in Kilometer		Helligkeit in Sterngrößen	Nummer und Name des Planetoiden	Durchmesser in Kilometer		Helligkeit in Sterngrößen
	Merkur-Albedo	Mars-Albedo			Merkur-Albedo	Mars-Albedo	
1. Ceres	857	684	7,1	25. Phocaea	110	88	10,8
2. Pallas	662	529	7,7	29. Amphitrite	315	251	8,8
3. Juno	329	263	9,0	30. Urania	124	99	10,4
4. Vesta	939	750	6,0	37. Fides	168	134	10,4
5. Asträa	180	144	10,1	39. Lätitia	266	213	9,7
6. Hebe	253	202	9,0	40. Harmonia	147	117	9,7
7. Iris	273	218	8,7	41. Daphne	141	113	11,0
8. Floria	210	168	8,9	43. Ariadne	103	83	10,4
9. Methis	281	225	8,7	44. Nysa	172	138	9,9
11. Parthenope	193	154	9,7	56. Melete	128	102	10,9
12. Viktoria	137	109	10,1	71. Niobe	209	167	10,2
14. Irene	227	181	9,6	75. Eurydice	63	50	12,6
15. Eunomia	343	274	8,9	77. Frigga	177	141	10,4
16. Psyche	322	257	9,6	127. Johanna	65	52	12,7
18. Melpomene	224	179	9,0	192. Nausikaa	163	130	9,8
20. Massalia	239	190	9,1	258. Tyche	155	124	10,5
21. Lutetia	157	125	10,1	261. Prymno	41	33	12,7

Helligkeiten bestimmen, und das hat Müller für die bisher photometrisch untersuchten Planeten einmal unter Annahme einer Albedo gleich der des Merkur und dann einer solchen gleich der des Mars gethan, und die in der vorstehenden Tabelle zusammengestellten Werte gefunden. Beigefügt sind die Helligkeiten der Planetoiden, die sie in der Opposition haben, wenn Planetoiden und Erde sich in ihren mittleren Abständen von der Sonne befinden.

Ganz so wie bei den Planetoiden liegen auch die Verhältnisse bei den meisten Trabanten, d. h. die Durchmesser der meisten sind nicht direkt meßbar, doch kann man sie aus den Helligkeiten unter Annahme einer der des Hauptplaneten gleichen Albedo berechnen. Auf diese Weise sind die Durchmesser der Trabanten bestimmt, wie sie auf Seite 102 der 9. Auflage der Möbiusschen „Astronomie" (Sammlung Göschen Nr. 11) zusammengestellt sind; daselbst findet man auch die Helligkeit der Trabanten angegeben, die sie haben, wenn der betreffende Hauptplanet sich in Opposition mit der Sonne befindet, und gleichzeitig er und die Erde ihre mittleren Entfernungen von der Sonne haben. Nur die Durchmesser der ersten vier Jupiterstrabanten lassen sich direkt messen, und daher kann man ihre Albedowerte berechnen; diese sind

für Trabant	I	II	III	IV
nach Lamberts Formel	0,412	0,489	0,259	0,118
„ Seeligers „	0,550	0,652	0,346	0,157

wonach die Albedo des 4. Trabanten kleiner als die unseres Mondes ist. — Was die Helligkeitsschwankungen der Trabanten betrifft, so ist eine regelmäßige nur bei Japetus, dem äußersten Saturntrabanten, mit Sicherheit nachgewiesen; derselbe ändert im Laufe eines Umlaufs um Saturn seine

Helligkeit um 1,36 Größenklassen, was wohl daher kommt, daß er möglicherweise dem Saturn stets die gleiche Seite zukehrt, uns also immer eine andere, und daß verschiedene Teile seiner Oberfläche das Licht auch verschieden stark reflektieren; möglich auch, daß seine Gestalt keine Kugel ist, er uns also bald eine größere bald eine kleinere Fläche zuwendet. Außer diesem scheinen noch die Jupiterstrabanten einen ziemlich unregelmäßigen Lichtwechsel zu haben, doch sind die Beobachtungen noch zu ungenau, um etwas Sicheres darüber aussagen zu können.

Die Spektra der Planeten und Trabanten zeigen alle, soweit sie bei der großen Lichtschwäche der meisten dieser Körper überhaupt untersucht werden konnten, in der Hauptsache die Fraunhoferschen Linien des Sonnenspektrums und unterscheiden sich von diesem nur durch verstärkte Absorption, die bald mehr, bald weniger deutlich hervortritt.

Bei der sehr geringen Höhe, in welcher der Merkur immer nur beobachtet werden kann, bleibt es zweifelhaft, ob die von Vogel in seinem Spektrum konstatierte Verstärkung der bedeutendsten erdatmosphären Linie, sowie die ziemliche Lichtarmut in Blau und Violett durch die Erdatmosphäre oder diejenige des Merkurs hervorgerufen sind. Im Venusspektrum zeigte sich eine Verstärkung der tellurischen Linien gegen das rote Ende hin, sowie das Auftreten einzelner neuer, sehr feiner Absorptionslinien; danach müßte also die Venusatmosphäre Wasserdampf enthalten, und die Sonnenstrahlen könnten nicht sehr tief in dieselbe eindringen, da die Absorption so gering ist. — Auch im Marsspektrum ist ein deutliches Hervortreten der tellurischen Linien besonders in Gelb und Rot, und eine allgemeine Absorption in Blau und Violett bemerkbar; die dunkeln Marsflecke rufen eine merkliche Schwächung des Rot und Gelb hervor, während im Spektrum des südlichen Polflecks das Rot besonders schwach ist, dagegen Gelb und Grün hell, wie Maunder beobachtet hat, der gleichzeitig fand, daß die Spektren der Marsmonde sich gerade umgekehrt verhielten. Die Spektren der Planetoiden sind wegen ihrer Lichtschwäche noch so gut wie gar nicht untersucht. — Das Spektrum des Jupiter zeigt außer den tellurischen Absorptionslinien ein neues Absorptionsband bei 617,8 $\mu\mu$, die aber nicht einen besonderen Stoff in der Jupitersatmosphäre, sondern möglicherweise nur anderen Druck- und Temperaturverhältnissen ihre Entstehung zu verdanken braucht. Die dunkeln Aequatorstreifen und der zeitweilig zu beobachtende rote Fleck auf dem Jupiter rufen eine Verstärkung der Absorptionslinien und -bänder, sowie eine allgemeine Schwächung im Blau und Violett hervor, was darauf hindeuten würde, daß an diesen Stellen das Licht tiefer in die Atmosphäre des Jupiters eindringt. Die oft vermutete Rotglut des Jupiters könnte sich im Spektrum nur durch eine Aufhellung der roten und gelben Partien dokumentieren, was von einer Schwächung der blauen und violetten Teile nicht zu unterscheiden wäre. Im Spektrum der Jupiterstrabanten tritt außer dem oben erwähnten neuen noch ein weiterer Absorptionsstreifen auf, deren Atmosphäre muß also nach Zusammensetzung, Druck und Temperatur der des Hauptplaneten ähnlich sein. — Das Spektrum des Saturn ist dem des Jupiter außerordentlich ähnlich, nur erheblich viel lichtschwächer. Das Absorptionsband bei 618 $\mu\mu$ ist im Spektrum der Saturnkugel vorhanden, fehlt jedoch in dem des Ringes, der danach gar keine oder nur eine sehr dünne Atmosphäre haben dürfte; sonst stimmen die Spektren dieser beiden Teile völlig überein. — Das Spektrum des Uranus zeigt eine besonders starke, von der der Erdatmosphäre verschiedene Absorption, auch das Band bei 618 $\mu\mu$ ist vorhanden, genauere Messungen fehlen bei der großen Lichtschwäche dieses Spektrums. — Das äußerst lichtschwache Spektrum des Neptun scheint im allgemeinen mit dem des Uranus übereinzustimmen.

§ 13. Die physische Beschaffenheit der inneren Planeten.

Seit der Erfindung des Fernrohres hat man die Oberflächen der verschiedenen Planeten aufmerksam beobachtet, aber zunächst fast ausschließlich zu dem Zweck Anhaltspunkte für eine Bestimmung ihrer Axenrotation zu finden; erst die Neuzeit hat den Schwerpunkt auf die Erforschung der Oberfläche als solche gelegt. Hierbei setzte der Merkur wegen seiner großen Sonnennähe, der Beobachtung die größten Schwierigkeiten entgegen, doch glaubte Schröter am Ende des vorigen Jahrhunderts einige Veränderungen an den Spitzen (sogenannten Hörnern) der Merkursichel wahrgenommen zu haben, aus denen Bessel eine Rotationsdauer von 24 Stunden ableitete. In der Neuzeit (1882—83) hat Schiaparelli auf dem Merkur Flecke und Streifen wahrgenommen und schließt daraus, daß der Merkur der Sonne immer dieselbe Seite zukehre, d. h. eine Rotationsdauer von 88 Tagen besitze, doch hält Schiaparelli eine Libration um 47° für möglich, so daß wir im ganzen $^5/_8$ der Merkuroberfläche erleuchtet sähen. Die von ihm in einer Kartenskizze zusammengestellten Flecke zeigen alle eine streifenartige Form mit undeutlichen und verwaschenen Rändern. Nun hat in neuester Zeit Villiger gezeigt, daß nach dem Lommel-Seeligerschen Beleuchtungsgesetz jede Kugel mit glatter, gleichmäßig gefärbter

Oberfläche bei unvollständiger Beleuchtung parallel zur Lichtgrenze dunkle Streifen zeigt, die auf einer notwendig eintretenden Sinnestäuschung beruhen; Billiger hat diesen Satz auch durch praktische Experimente an Gips- und Gummikugeln bewiesen. Da nun der Merkur eine Atmosphäre besitzt, die wenigstens so dicht ist, daß sie das Licht bricht, sodaß der Merkur bei Vorübergängen vor der Sonne von einem Lichtsaum umkränzt ist, so wird er wenigstens angenähert den Bedingungen des Billigerschen Versuchs genügen. Man wird daher nicht alle auf demselben sichtbaren Streifen ohne weiteres seiner Oberfläche zuschreiben dürfen, und nur sehr sorgfältige und ausgedehnte Beobachtungen können uns vielleicht sichere Anhaltspunkte geben, was für Gebilde auf der Oberfläche des Merkur sichtbar sind, und wie schnell er um seine Achse rotiert.

Das eben Gesagte gilt in noch viel höherem Grade von dem Planeten **Venus**, denn dieser hat höchst wahrscheinlich eine noch viel dichtere Atmosphäre als Merkur, die Billigerschen Experimente sind also für ihn in noch viel höherem Grade beweisend als für den letzteren. Schon immer waren die auf der Venus sichtbaren, verwaschenen, undeutlichen Flecke, die manchmal nur „wie ein Hauch“ erscheinen, den Beobachtern etwas zweifelhaft und unsicher erschienen, und viele hatten sie nur für atmosphärische Gebilde angesehen, während andere sie der Venusoberfläche selbst zuschrieben und die Rotationszeit der Venus daraus ableiteten. Man kann jetzt wohl mit Bestimmtheit sagen, daß die meisten der auf der Venus bisher gesehenen Flecke Sinnestäuschungen sind, hervorgerufen durch das auf dem Planeten geltende Beleuchtungsgesetz und damit zusammenhängend durch unser Sehvermögen. Es wird sehr eingehender Studien bedürfen, wenn es gelingen soll, die dem Planeten eigentümlichen Flecke von diesen Sinnestäuschungen zu trennen, und schließlich aus denselben die Rotationsdauer des Planeten zu bestimmen. Die letztere ist bis jetzt noch völlig unbekannt, und wie sehr wir noch über die Oberflächenbeschaffenheit der Venus im unklaren sind, beweisen am besten die verschiedenen für die Umdrehungszeit bisher abgeleiteten Werte. 1728 veröffentlichte Blanchini dafür die Angabe von 24 Tagen 8 Stunden, im folgenden Jahre der jüngere Cassini aus den Beobachtungen seines Vaters den Wert 23 Stunden 20 Minuten, welche Größe Schröter zu Ende des Jahrhunderts und De Vico etwa 1840 bestätigen zu können glaubten. 1890 leitete Schiaparelli einen Rotationswert von 225 Tagen ab, den andere Beobachter bestätigt fanden, doch läßt sich aus diesen neuen Beobachtungen mit derselben Wahrscheinlichkeit eine Rotationsdauer von nahezu 24 Stunden ableiten. Die drei Karten der Venus, die wir besitzen (je eine von Blanchini, Niesten und Lowell) widersprechen einander und sind völlig wertlos.

Ganz anders liegen die Verhältnisse beim Mars. Hier wissen wir mit Bestimmtheit, daß die auf ihm sichtbaren Gebilde seiner Oberfläche angehören und daß an denselben wohl hie und da erhebliche Gestaltsänderungen wahrnehmbar sind, daß sie aber ihren Ort auf der Marskugel nicht ändern. So können wir z. B. einen von Huyghens im Jahre 1659 gezeichneten Fleck heute noch mit voller Bestimmtheit identifizieren, und somit ist auch die Rotationsdauer des Mars mit aller Schärfe bestimmbar; sie hat sich aus einer großen Anzahl von Beobachtungen zu $24^h\ 37^m\ 22^s{,}655$ ergeben. Ferner besitzen wir eine große Anzahl von Karten der Marsoberfläche, die von den verschiedensten Beobachtern entworfen, und auf denen die Flecke mit den Namen verdienter

Marsbeobachter belegt sind; da man dabei aber nicht einheitlich vorging; so war eine große Konfusion eingerissen, die erst durch die von Schiaparelli herausgegebenen Marskarten mit Namen aus der griechischen und römischen Geographie und Mythologie beseitigt wurde. Fig. 7 und 8 sind verkleinerte Bilder der von Schiaparelli auf Grund seiner Beobachtungen aus den Jahren 1877 bis 1888 entworfenen Marskarten, und zwar zeigt Fig. 7 die Gebilde der Marsoberfläche in ihrem normalen Aussehen unter Beifügung der meisten von Schiaparelli gegebenen Namen, während Fig. 8 das gleiche näher zu besprechende Phänomen der Verdopplung zur Anschauung bringt.

Man kann auf dem Mars drei Hauptarten von Flecken unterscheiden: 1) Weiße Regionen, welche an seinen Polen auftreten; 2) helle Regionen auf der Scheibe für gewöhnlich dunkelgelb oder orange, zeigen Abstufungen vom Gelb bis zum reinen Weiß, vom Rotorange bis zum Tiefrot; 3) dunkle Regionen (Flecke im gewöhnlichen Sinn) gewöhnlich eisengrau, schwanken sie zwischen aschgrau und schwarz. Sehen wir uns diese drei Kategorien etwas näher an.

1. Weiße Regionen. An den Polen des Mars, aber nicht mit diesen konzentrisch, zeigen sich hell leuchtende weiße Flecke, die an Durchmesser abnehmen, je näher das Sommersolstiz für den betreffenden Pol rückt; doch erreicht der Fleck am nördlichen Pol seinen geringsten Durchmesser erst 50 bis 60 Tage nach dem nördlichen Sommersolstiz und wird dann langsam wieder größer, der am Südpol hat seine geringste Ausdehnung 90 bis 120 Tage nach dem südlichen Sommersolstiz und wächst dann ziemlich rasch wieder. Man hält die Flecke für Eis- und Schneemassen, entsprechend dem Polareis der Erde, die im Sommer zusammenschmelzen;

das ungleiche Verhalten an den beiden Polen hängt damit zusammen, daß die Nordhalbkugel des Mars einen langen gemäßigten Sommer und kurzen milden Winter, die südliche dagegen einen kurzen heißen Sommer und einen langen kalten Winter hat, genau wie das auch auf der Erde der Fall ist. Am nördlichen Schneefleck haben sich gelegentlich Abzweigungen gezeigt, eine sehr konstante aus dem Jahre 1888 ist in den Karten angegeben.

2. Helle Regionen, welche man als Länder anzusehen gewöhnt ist, obgleich sich nicht mit Bestimmtheit sagen läßt, daß sie wirklich unserem Begriff „Land" entsprechen. Diese zeigen wirkliche Veränderungen sehr selten, dagegen zahlreiche optische, die periodisch, d. h. mit der Rotation des Mars wiederkehren. Die Gegenden Elysium und Tempe (Fig. 7) zeigen das besonders auffallend, indem sie am Planetenrande häufig weiß erscheinen, beim Passieren der Mitte orangefarben und wieder weiß werden, wenn sie sich dem Rande nähern. Eine andere Art von Veränderung zeigt z. B. die Gegend zwischen dem Mare Sirenum und den Kanälen Titan, Acheron und Sirenius, indem sie zu gewissen Zeiten hell und ohne eine Spur von Kanälen erscheint, zu anderen Zeiten dunkler und von den in der Karte eingetragenen dunkeln Linien durchkreuzt ist. Auch kleine weißleuchtende Flecke sind gelegentlich monatelang auf einer und derselben Stelle sichtbar, zeigen sich jedoch dann nicht wieder, wenn der Mars nach 2 Jahren und 2 Monaten wieder eine für die Beobachtung günstige Stellung hat. Möglicherweise hat man hier Veränderungen vor sich, die mit den Jahreszeiten auf dem Mars zusammenhängen. Die einzige wirkliche Veränderung scheint der Continent Libya (Fig. 7, ganz links) erfahren zu haben, indem die ihn begrenzende Syrtis major

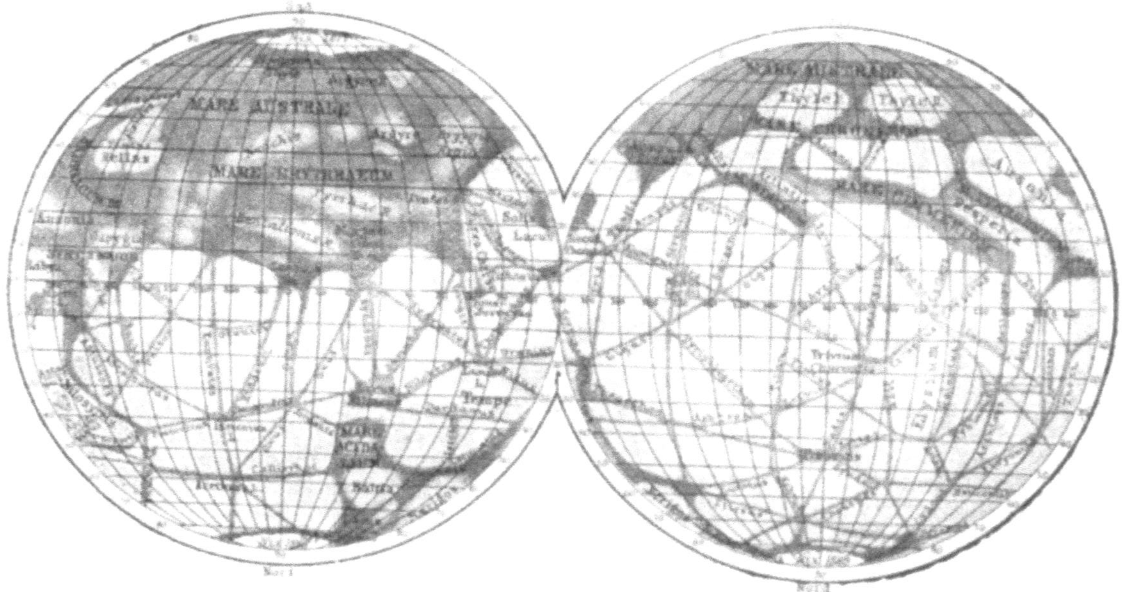

Fig. 7.
Karte des Mars nach Schiaparelli.

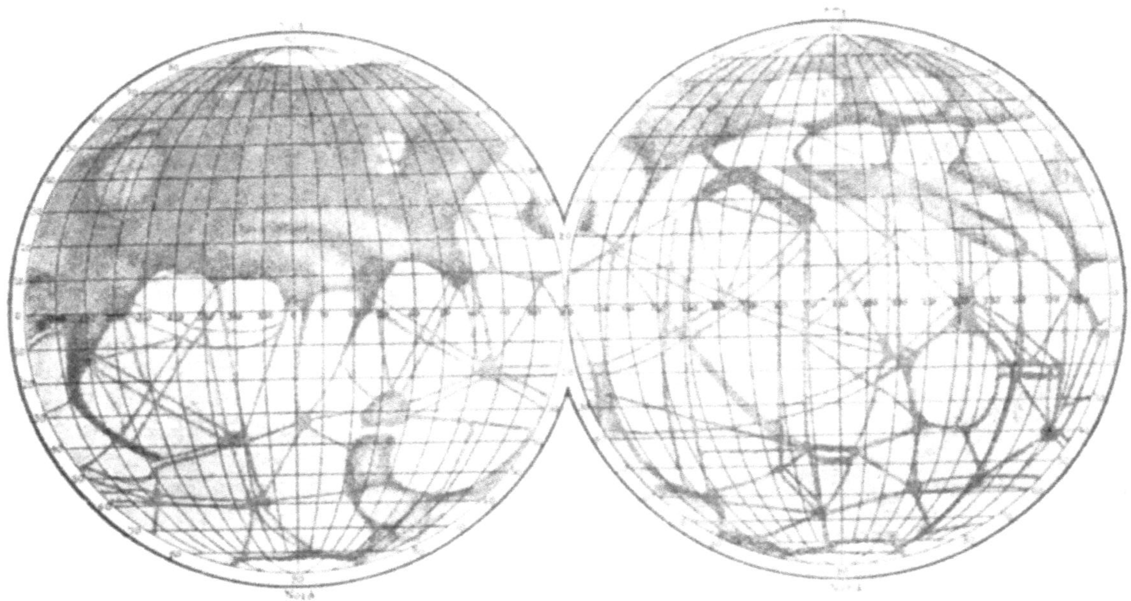

Fig. 8.
Karte des Mars nach Schiaparelli.

ein immer größeres Stück desselben mit einem grauen Ton überdeckt und damit dort eines jener Zwischengebilde geschaffen hat, die gleichsam helle und

3. Dunkle Regionen verbinden. Diese Uebergangsformen sind besonders zahlreich auf der südlichen Halbkugel; dieselben stellen meistens hellere Regionen in den dunkeln Flecken dar, sind in Farbe und Helligkeit recht wechselnd und ohne scharfe Grenzen; Beispiele dafür sind die in Fig. 7 auf der linken südlichen Halbkugel bezeichneten: Deucalionis-, Pyrrhae-, Protei- und Ogygis-Regio, ferner Japygia, Oenotria, Noachis und Hellas. Die dunkeln Regionen selbst pflegt man als Meere, Meeresteile und Seen, kurz als Wasser anzusehen, ohne daß indessen ein strenger Beweis für die Zulässigkeit dieser Annahme bisher erbracht wäre. Diese dunkeln Flecke zeigen keine von der Rotation abhängige Aenderung in Farbe oder Helligkeit, wohl aber zeigen sie in sehr langen Perioden gelegentlich Aenderungen ihrer Schwärze bis zum Hellgrau; doch sind solche Verschiedenheiten zuweilen nur scheinbare, indem durch die veränderte Stellung der Marsachse dunkle Meere nahe am Rande und dadurch hell erscheinen, denn die Atmosphäre des Mars verhindert die Sichtbarkeit der Gebilde am Rand der Planetenscheibe und läßt die gegen den Rand hin sich erstreckenden daselbst schwächer erscheinen. Zu den dunkeln Flecken gehören auch jene merkwürdigen Kanäle, von denen die dunkelsten und breitesten wohl schon früher beobachtet waren, die aber erst 1877 von Schiaparelli als eigenartige Gebilde erkannt und meistens von ihm entdeckt wurden, wenn auch jetzt noch gelegentlich der eine oder der andere neu hinzugefunden wird. Diese Kanäle sind 60 bis 300 Kilometer breit und 500 bis 5000 Kilometer lang und verlaufen meist ganz gerade oder in großen flachen Bögen,

wodurch sie sich wesentlich von unseren Flüssen unterscheiden. Auch darin sind sie von letzteren verschieden, daß sie niemals mitten in einem Land ihren Ursprung nehmen, sondern stets größere dunkle Flecke (Meere oder Seen) untereinander oder mit einem anderen Kanal verbinden. Bei einer solchen Verbindung letzterer Art oder bei einer Kreuzung von Kanälen stören sie sich nicht gegenseitig, nur wenn mehrere derselben an einem Punkt zusammenlaufen, bilden sie an diesem meist eine Art Erweiterung, einen See.

Diese hier besprochenen Oberflächengebilde zeigen nun manchmal ganz plötzliche Veränderungen, dunkle Gebilde, selbst ganze Meere sind an einem Beobachtungsabend an ihrem Orte nicht zu entdecken, am folgenden sind sie wieder gut und unverändert sichtbar, oder ganze weite Gebilde zeigen eine grauweiße, streifige oder fleckige Struktur, die sich nach wenigen Tagen, ja manchmal nur Stunden ganz oder teilweise verloren hat. Es kann wohl keinem Zweifel unterliegen, daß man es hier mit Nebel und Wolkenbildungen in der Atmosphäre des Mars zu thun hat. Wie letztere die Sichtbarkeit der Gebilde in den Randpartien der Scheibe erschwert, ist oben schon erwähnt, ebenso daß Spektrum und photometrisches Verhalten des Mars auf eine der unseren ähnliche Atmosphäre hindeuten. Dann wird dieselbe aber auch ebenso wie die unserige hauptsächlich die blauen und violetten Strahlen absorbieren, und so erklärt sich am ungezwungendsten das gelbrötliche Licht, welches uns der Mars zusendet. Wahrscheinlich hat man auch das eigentümliche Phänomen der Verdopplung atmosphärischen Einflüssen zuzuschreiben. Dasselbe wurde zuerst 1879 vereinzelt, später (1882 und und besonders 1888) häufiger von Schiaparelli beobachtet, und stellt sich etwa folgendermaßen dar: Verhältnismäßig plötzlich, gelegentlich von einem Beobachtungsabend zum andern, erscheint ein Kanal doppelt, d. h. statt eines Kanals zeigen sich zwei genau parallel zu einander verlaufende Kanäle, die entweder die Lage des ursprünglich einfachen Kanals einzuschließen scheinen, oder von denen der eine genau die Stelle des alten innebehalten hat. In Farbe, Breite und Dunkelheit sind beide Streifen stets absolut gleich, wohl wechseln aber diese Eigenschaften ebenso wie der Abstand zwischen den beiden Kanälen von einer Verdopplung zur andern, denn eine solche Verdopplung verschwindet oft ebenso schnell wieder, um gelegentlich nach Wochen, Monaten oder Jahren wieder aufzutauchen. Der Abstand zwischen zwei so verdoppelten Kanälen wechselt von 180 bis 700 Kilometer. Gelegentlich scheint sich ein Kanal in einen verwaschenen Nebel aufzulösen, aus welchem sich dann allmählich zwei Kanäle entwickeln; manchmal erscheint auch ein solcher Kanal nur sehr verbreitert und in der Mitte heller ohne eigentliche Trennung. Seen, welche von verdoppelten Kanälen durchschnitten werden, nehmen entweder an der Verdopplung teil oder erscheinen verbreitert und verwaschen; auch an einigen Meeren haben sich ähnliche Erscheinungen gezeigt. Fig. 8 stellt sämtliche Verdopplungen dar, die von Schiaparelli von 1879 bis 1888 beobachtet worden sind, aber diese waren niemals alle gleichzeitig sichtbar, sondern zu einer bestimmten Zeit erschienen nur immer einer oder ein paar Kanäle verdoppelt. Diese Verdopplungen sind außerordentlich schwer zu sehen, und am schönsten und vollständigsten hat sie Schiaparelli beobachtet. Stanislaus Meunier hat nun gezeigt, daß man solche Verdopplungen künstlich an Modellen hervorrufen kann, wenn man über eine blankpolierte Kupferscheibe, auf welcher mit schwarzer Farbe die Marskanäle gemalt sind, in etwa 5 bis 10 Millimeter Abstand ein Stück weiße Gaze straff spannt und das Ganze schräg beleuchtet; je nach der Richtung, von welcher das Licht einfällt, erscheint bald der eine bald der andere der aufgemalten Kanäle verdoppelt, indem sein auf der Gaze erzeugtes Schattenbild neben ihm erscheint. Meunier hat wohl vollkommen recht, wenn er in Wirklichkeit sich die Gaze durch eine dünne Nebelschicht in der Marsatmosphäre dargestellt denkt. Die Meuniersche Erklärung ist jedenfalls die plausibelste für das so merkwürdige Phänomen der Verdopplung.

Es ist oben bereits erwähnt, daß die Jahreszeiten auf dem Mars ein ganz entsprechendes Verhältnis zu einander zeigen wie auf der Erde, nur ist die Temperatur eine viel geringere, denn die Wärmemenge, die der Mars von der Sonne erhält, ist nur $^4/_9$ von derjenigen, die die Erde, wenn sie eben so klein wäre wie er, erhalten würde. Auch erscheint die Sonne vom Mars aus gesehen mit einem Durchmesser, der nur $^2/_3$ von dem beträgt, den wir von der Erde aus messen, und endlich ist die Dichtigkeit[1] des Mars nur $^3/_4$ von der der Erde. Trotzdem ist unter den Planeten der Mars derjenige, welcher unserer Erde am ähnlichsten ist.

§ 14. Die physische Beschaffenheit der äußeren Planeten.

Die äußeren Planeten sind alle größer als die inneren, der größte unter ihnen aber ist der Jupiter, dessen Durchmesser 11mal größer ist, als der der Erde; dabei ist aber seine Dichte nur $^1/_4$ von der der Erde und $1^1/_3$mal so groß als die des Wassers. Da die Neigung seiner Rotationsachse gegen seine Bahnebene rund 87° beträgt, so dürfte also kein ausgesprochener Wechsel von Jahreszeiten auf ihm zu

[1] Dichtigkeit, Masse, Schwere am Aequator 2c., für die Sonne und die großen Planeten sind angegeben in Möbius' „Astronomie", 9. Auflage, Seite 110 (Sammlung Göschen Nr. 11).

erwarten sein. Schon die ersten Beobachter seiner Oberfläche sahen auf ihm zwei parallele, dunkle Streifen. Nun haben zwar spätere Beobachtungen sicher bewiesen, daß die auf dem Jupiter sichtbaren Gebilde starken Veränderungen unterworfen, aber trotzdem diese zwei dunkeln Streifen immer auf demselben wahrnehmbar sind. Dieselben verlaufen auf der nördlichen und südlichen Halbkugel des Planeten in ungefähr gleichen Abständen vom Aequator desselben und parallel

Fig. 9. Jupiter.

zu diesem. Zwischen ihnen zeigen sich häufig weiße Flecke, wie solche in Fig. 9 zu sehen sind, die eine vom Verfasser am 17. April 1886 mit Hilfe eines mittelgroßen Fernrohrs gemachte Zeichnung des Jupiters darstellt, in welcher der Südpol oben liegt. An diese dunkeln Aequatorealstreifen schließen sich meistens hellere oder weiße Partien an, dann folgen gelegentlich nochmal dunklere schmale Streifen, während die Gegend nach den Polen zu fast stets eine gleichmäßig hellgraue Färbung zeigen. Die dunkeln Aequatorstreifen zeigen häufig einen leicht rötlichen Anhauch, gelegentlich wohl auch einen violetten Schimmer. Wahrscheinlich sehen wir die eigentliche Oberfläche dieses Planeten überhaupt nicht, sondern nur Kondensationsprodukte in seiner Atmosphäre, wobei die dunkeln Streifen und Stellen solche Gegenden darstellen, wo das Licht tiefer in die Atmosphäre eindringen kann, wie bei der Besprechung des Jupiterspektrum bereits erwähnt wurde. Dann erklärt sich aber auch die bedeutende Veränderlichkeit von Einzelheiten auf seiner Oberfläche, doch hat man solche, wie z. B. dunkle und helle Flecke in den Aequatorgürteln, zur Ableitung der Rotationsdauer des Jupiter benutzt, die ungefähr $9^h\ 55^m\ 37^s$ beträgt. Im Jahre 1878 erschien auf der südlichen Halbkugel des Jupiter dicht über dem Aequatorealstreifen ein ovaler, dunkler Fleck von rötlicher Färbung, der fast 20 Jahre allerdings allmählich immer schwerer und schwerer zu sehen war, ja es möglicherweise wenigstens bruchstückweise noch ist. Derselbe wurde wegen seiner großen Konstanz vielfach zur Bestimmung der Rotationszeit des Jupiter benutzt, doch ergiebt sich aus diesen Beobachtungen, daß entweder die Umdrehungszeit des Jupiter veränderlich war, oder daß der Fleck bis zum Jahre 1891 fast $^3/_4$ des gesamten Umfanges des Planeten durchwandert hat, dann umgekehrt und ein Stück wieder zurückgelaufen ist. Andere wollen eine Verlangsamung der Jupiterrotation nach den Polen zu konstatiert haben, also ähnlich wie bei der Sonne, während Stanley Williams auf der südlichen Halbkugel des Jupiter die Wirkung einer vom Aequator nach dem Südpol zugehenden Strömung beobachtet haben will.

Was die Jupitersmonde betrifft, so will ganz neuerdings Douglaß in Amerika auf dem I., III. und IV.

derselben dunkle, streifige Gebilde wahrgenommen und daraus Rotationsperioden abgeleitet haben, welche den Umlaufszeiten dieser Trabanten entsprechen, d. h. diese Monde des Jupiter würden demselben immer die gleiche Seite zuwenden. Diese Beobachtungen stehen durchaus vereinzelt da; zwar hat Secchi schon früher auf dem III. Monde einzelne bestimmte Gebilde wahrzunehmen geglaubt, doch haben neuere Beobachtungen mit den mächtigsten Fernröhren weder die eine noch die andere dieser Beobachtungen bestätigt, sondern nur beim III. und IV. Mond deutliche, weiße Flecke am Rande, ähnlich den Polflecken beim Mars, erkennen lassen.

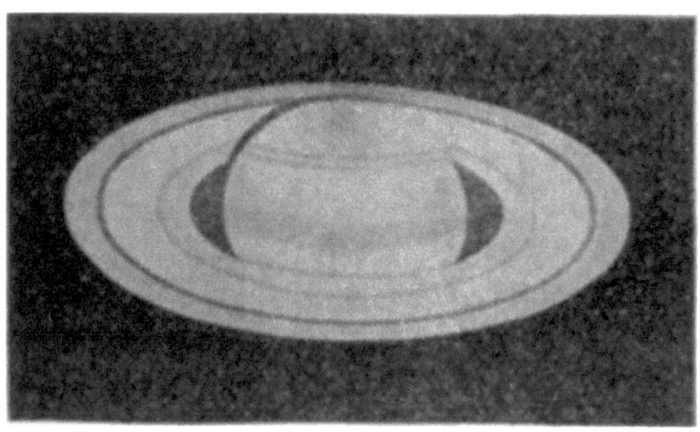

Fig. 10. Saturn.

Den sonderbarsten Anblick von allen Planeten bietet zweifellos der Saturn dar, und die ersten Astronomen, welche ihn durch das Fernrohr betrachteten, vermochten über seine wunderbare Gestalt, die sie meist in ihren mangelhaften Instrumenten nicht richtig erkennen konnten, nicht ins klare zu kommen. Erst als Christian Huyghens den Saturn in den Jahren 1650—1655 systematisch beobachtete, erkannte er, daß die eigentliche Planetenkugel von einem freischwebenden Ring umgeben ist. Fig. 10 stellt den Saturn dar, wie ihn

Asaph Hall am 7. Oktober 1884 im großen Refraktor der Washingtoner Sternwarte sah. Der freischwebende Ring besteht zunächst aus einem äußeren etwas weniger hellen Ring, der durch eine breite, dunkle Linie, eine zuerst 1715 von Cassini erkannte und nach ihm benannte Teilung, von dem inneren hellsten Ringe getrennt ist, an welchen sich dann ein von Bond im Jahre 1850 zuerst deutlich beobachteter, dunkler oder Dunst-Ring schließt. Wahrscheinlich ist letzterer auch schon vorher beobachtet, jedenfalls sicher 1838 von Galle, und es würde auch sehr wunderbar sein, wenn ein so gut und deutlich sichtbares Objekt, das die Bezeichnung dunkel eben nur im Vergleich mit den helleren Nebenobjekten verdient, so lange unbemerkt geblieben sein sollte. Außer der Cassinischen Teilung, die nicht immer so gut und und scharf zu sehen ist, wie sie Fig. 10 zeigt, sind bis in die neueste Zeit hinein immer wieder neue Teilungen beobachtet, von denen die bekannteste die von Encke gesehene ist, dieselben scheinen sich aber immer wieder zu schließen und zu öffnen. Die Dimensionen des Ringes und der Saturnkugel sind nach den Messungen von Asaph Hall folgende:

Breite des äußersten Ringes	18 990	Kilom.
„ der Cassinischen Teilung . . .	2 900	„
„ des inneren hellsten Ringes . .	28 860	„
„ „ innersten dunklen Ringes . .	18 060	„
Abstand des inneren Randes des dunkeln Ringes von der Saturnsoberfläche .	9 670	„
Aequatorealer Halbmesser der Saturnskugel	61 180	„

Fig. 10 läßt auch deutlich den Schatten erkennen, welchen die Saturnskugel auf den Ring wirft. An diesem Schatten will man gelegentlich Einkerbungen oder auch eine Krümmung nach innen statt nach außen wahrgenommen haben, was entweder durch atmosphärische Einflüsse oder durch eine gekrümmte Oberfläche des Ringes hervorgebracht sein könnte. Gegen ersteres spricht der spektroskopische Befund, wie oben bemerkt, gegen letzteres die Thatsache, daß wenn die Ebene des Ringes so liegt, daß sie in ihrer Verlängerung durch die Erde hindurchgehen würde, für die Beobachter auf dieser der Ring nicht mehr sichtbar ist. Was die Natur des Ringes angeht, so dürfte heutzutage wohl die 1856 von Clerk Maxwell ausgesprochene Ansicht, daß der Ring aus lauter einzelnen kleinen Körperchen bestünde, am meisten Anhänger haben, besonders seitdem eine von Seeliger auf Grund dieser Hypothese aufgestellte Beleuchtungstheorie des Ringes eine auffallend gute Uebereinstimmung mit den beobachteten Verhältnissen gezeigt hat. Durch die Maxwellsche Annahme würde sich auch das Auftreten und Verschwinden gelegentlicher Teilungen im Ringe am einfachsten erklären, ebenso das von Lassell und Trouvelot behauptete Durchschimmern der Saturnkugel durch den dunklen Ring; dieser würde dann als aus weniger dicht zusammengedrängten Körperchen bestehend anzusehen sein und die Annahme, daß diese mit der Zeit immer dichter zusammengerückt wären, sodaß der ursprünglich schwer zu sehende innere Ring jetzt ein leicht wahrzunehmendes Objekt ist, hätte nichts Gezwungenes. Auch die von Struve auf Grund einer Vergleichung von alten und neuen Saturnszeichnungen und Messungen vertretene Ansicht, daß der Abstand zwischen Ring und Kugel sich verkleinert habe, fände in der gedachten Theorie eine einfache Erklärung.

Aus der Saturnkugel selbst, deren Dichtigkeit noch nichteinmal die des Wassers erreicht, sind wenig Einzelheiten zu sehen, in der Hauptsache nämlich nur ein verschwommener, den Aequator umziehender Streifen und auf den Halbkugeln einzelne schmale dazu parallele Streifen. Selten sind etwas deutlichere, meist weiße Flecke. Mit Hilfe eines solchen bestimmte zuerst W. Herschel die Rotationsdauer des Saturn, und Hall fand dafür aus einer großen Anzahl Beobachtungen den Wert von $10^h\ 14^m\ 24^s$. — Es unterliegt wohl keinem Zweifel, daß wir die eigentliche Oberfläche des Saturn nicht sehen, sondern nur die äußere Begrenzungsschicht seiner sehr dichten Atmosphäre. Die 9 Trabanten des Saturn[1] sind auch für die größten optischen Hilfsmittel zu klein und zu entfernt, um auf ihnen Einzelheiten wahrzunehmen.

Die beiden letzten Sätze lassen sich auch auf den Uranus und seine 4 Trabanten anwenden. Die Bahnebenen der letzteren stehen fast senkrecht auf der des Hauptplaneten, was auf eine ähnliche Lage der Aequatorebene des letzteren schließen ließe. Eine Stütze erfährt diese Vermutung in der Lage der neuerdings von Perrotin auf der grünlich leuchtenden Uranusscheibe wahrgenommen schwachen Streifen, deren Ebenen nur etwa 10^0 gegen die der Trabantenbahnen geneigt sind. Da man bis jetzt keine deutlich hervortretenden Punkte auf dem Uranus bemerken konnte, so ist auch seine Rotationszeit noch ganz unbekannt; seine Dichte ist ungefähr gleich der des Wassers.

Neptun und sein Trabant sind so weit von der Erde entfernt, daß man wohl niemals Einzelheiten auf ihren Oberflächen erkennen, und ihre Rotationszeiten bestimmen wird. Die Dichtigkeit des Neptun ist etwa ein halbmal größer, als die des Wassers.

[1] Während des Druckes ist soeben aus Amerika die Nachricht eingelaufen, daß W. Pickering auf photographischem Wege einen 9. Saturnsmond entdeckt hat, der außerhalb der bisher bekannten 8 Monde in 17 Monaten um den Saturn kreist.

Viertes Kapitel

Die Körper im Weltenraum.

§ 15. Die Kometen und Meteore.

Man pflegt häufig Kometen und Meteore als Glieder des Sonnensystems anzusehen, was ja auch deshalb berechtigt ist, weil eine Anzahl der ersteren und ganze Schwärme der letzteren regelmäßige Bahnen um die Sonne beschreiben. Aber weit größer ist die Zahl der Kometen, welche unser Sonnensystem nur einmal durchkreuzen und dann sich im Weltenraum verlieren. Diese Gebilde stellen somit eine Art Verbindungsglieder zwischen den Körpern im Sonnensystem und im Weltenraum dar und ihre Besprechung wird daher auch am richtigsten zwischen diejenigen der beiden anderen Arten einzuschieben sein.

In der 9. Auflage der „Astronomie“ von A. F. Möbius (Sammlung Göschen Nr. 11) handelt das fünfte Kapitel von den Kometen und Meteoren. Dabei wird nicht nur die Bewegung der ersteren besprochen, sondern auch ihr Aussehen, die Veränderungen desselben, die Schweifbildungen rc.; als Belege dafür werden von einer Anzahl besonders merkwürdiger Kometen genauere Beschreibungen gegeben. Ferner wird der Zusammenhang zwischen Kometen und Meteorschwärmen an der Identität ihrer Bahnen nachgewiesen, wobei schließlich (Seite 127) der Ansicht, daß die Kometen aus einer Masse getrennter, kleiner Partikel bestehen, welche unter der Macht äußerer Einflüsse sich über immer größere Strecken der Kometenbahn ausbreiten, Ausdruck gegeben wird. Von dieser

Annahme wollen wir ausgehen, wenn wir jetzt die Beschaffenheit der Kometen an der Hand ihres Aussehens und dessen Veränderungen, sowie mit Hilfe der spektroskopischen Untersuchung näher betrachten, wobei alles, was in dem citierten Kapitel über die ersten beiden Punkte gesagt ist, hier als bekannt vorausgesetzt und nur wo nötig angedeutet werden soll.

Die soeben erwähnte Hypothese, über die Zusammensetzung der Kometen erhält weitere Stützpunkte durch das Aussehen teleskopischer Kometen, die einem Dunst- oder Nebelwölkchen gleichen, also auch wohl wie derartigen Gebilde aus einzelnen zu ihrer ungeheuren Ausdehnung, die nicht selten Hunderttausende von Kilometern mißt, verhältnismäßig kleinen und zwar festen Teilchen bestehen. Diese haben sicherlich beträchtliche Abstände von einander, und die Verdichtung nach der Mitte zu ist nur eine scheinbare, weil hier der Haufen seine größte Dicke hat, denn sonst wäre die Durchsichtigkeit solcher Kometen, sowie der Umstand, daß sie das Licht der durch sie hindurch ungeschwächt leuchtenden Sterne auch in keiner Weise ablenken oder brechen, nicht wohl erklärbar. Auch die geringe, selbst bei großer Annäherung an andere Himmelskörper, nicht störend wirkende Masse drängt zu obiger Annahme, während außerdem auch der spektroskopische Befund darauf hinweist, denn dieser zeigt uns ein schwaches, kontinuierliches Spektrum, in dem auch Frauenhofersche Linien nachgewiesen sind (von Huggins in den Spektren der Kometen 1881 II und 1882 I), sodaß wir es im Komentenlicht auch teilweise mit reflektiertem Sonnenlicht zu thun haben, wofür auch die weitere Beobachtung spricht, daß ein Teil des Kometenlichtes polarisiert ist.

Freilich rührt das kontinuierliche Spektrum der Kometen auch zum Teil vom Eigenlicht her, denn beim Kometen

1884 I beobachtete G. Müller in wenigen Stunden eine Helligkeitszunahme um das $3^1/_3$fache ihres ursprünglichen Wertes, während H. C. Vogel gleichzeitig eine beträchtliche Aufhellung seiner kontinuierlichen Spektrums konstatierte. Nun hat Hasselberg experimentell gezeigt, daß ein Gemisch von Kohlenwasserstoff und Sauerstoff in einem Geißlerschen Rohr[1] unter Atmosphärendruck beim Hindurchgehen elektrischer Entladungen eine gelbe, hellflammende Lichterscheinung giebt, die ein kontinuierliches Spektrum aussendet, wodurch das Aufleuchten eines solchen bei Kometen erklärlich ist. Diese Erklärung würde etwas gezwungen sein, wenn nicht anderweitig das Vorhandensein von Kohlenwasserstoff und elektrischen Entladungen bei den Kometen sicher nachgewiesen wäre. Das Kometenspektrum weist nämlich ein auf das kontinuierliche Spektrum gelagertes diskontinuierliches auf, welches aus drei hellen Bändern besteht, deren scharfe Grenzlinien gegen das Rot hin bei 563,0, 516,6 und 471,9 $\mu\mu$ liegen, während sie nach dem Violett zu verwaschen erscheinen. Diese Bänder entsprechen nach Lage und allgemeinem Habitus drei hellen Bändern im Kohlenwasserstoffspektrum, während die kleinen Verschiedenheiten in der Helligkeitsverteilung z. B. auf andere Druck- und Temperaturverhältnisse oder auch auf die Beimengung von Kohlenoxydgas zurückzuführen sind. H. C. Vogel erhielt dieses diskontinuierliche Kometenspektrum sehr schön, wenn er Stückchen von Meteorsteinen erhitzte und das ihnen entweichende Gas in einer Geißlerschen Röhre[1] durch den elektrischen Strom zum Leuchten brachte. Dieses Experiment beweist aufs schlagendste den organischen Zusammenhang zwischen Kometen und Meteoren und zeigt zugleich, wie sich aus den letzteren im Kometen Gas entwickelt. Diese Gas-

[1] Siehe Einleitung.

entwicklung führt aber zur Bildung der Hülle um den Kometenkopf und zur Entwicklung des Schweifes.

Woraus der Kopf eines Kometen besteht, ob aus einer festen Masse oder aus einer dichtgedrängten Schar kleiner, fester Teilchen mag dahingestellt bleiben, jedenfalls verdampft er unter dem Einfluß von Wärme, wie er sie bei der Annäherung an die Sonne von dieser empfängt. Diese Verdampfung beginnt und bleibt am stärksten auf der der Sonne zugewandten Seite des Kerns, daher sehen wir hier sich Ausstrahlungen gegen die Sonne hin entwickeln, welche jedoch bald sich wieder nach rückwärts krümmen. Dieses Rückwärtskrümmen tritt dann ein, wenn die die ganze Ausstrahlung hervortreibende Kraft mit der Entfernung vom Kern schwächer wird, sodaß sie einer von der Sonne ausgeübten elektrischen Repulsivkraft, welche wir bei den Kometenschweifen entschieden als wirksam annehmen müssen, nicht mehr widerstehen kann. Unter dem Einfluß der letzteren umfließen die aus dem Kopfe sich entwickelnden Gase denselben als Hülle und bilden schließlich den oder die von der Sonne weggewendeten Schweife des Kometen, welche also keine wirkliche von demselben mitgeschleppte Materie, sondern stets neu sich entwickelnde Verdampfungsprodukte sind. Nur auf diese Weise läßt sich die außerordentliche Dünnigkeit und Durchsichtigkeit der Schweife verbunden mit einer ganz enorm schnellen fortschreitenden Bewegung vereinigen, denn für den Schweif kommt außer der kolossalen Geschwindigkeit, die der Kopf in der Sonnennähe hat, noch die Drehung hinzu, die er um den letzteren machen muß, um immer auf der von der Sonne abgewandten Seite zu bleiben. Die kleinen, kurzen Schweife, welche gelegentlich in entgegengesetzter Richtung beobachtet sind, dürften aus mitgerissenen, festen Teilchen bestehen, gegen welche die elektrische Repulsivkraft nicht viel ausrichten kann.

Das ist in großen Zügen die von Bredichin auf der Grundlage Besselscher und Zöllnerscher Anschauungen aufgebaute Kometentheorie, welche er so weit ausgebildet hat daß er, sobald nur die Bahnelemente eines Kometen bekannt sind, die bei demselben möglichen Schweifformen vorausbestimmen kann. Eine weitere Stütze erhält diese Theorie in der Schlußfolgerung, daß bei häufiger Wiederkehr zur Sonne die schweifbildenden Gase allmählich aufgebraucht werden müssen. In der That enthalten die periodischen Kometen mit kürzester Umlaufszeit keine Schweife, und bei einzelnen mit längerer Periode läßt sich nachweisen, daß sie bei früheren Erscheinungen glänzendere und schönere Schweife hatten.

Was endlich die Dichtigkeit und die Masse der Kometen betrifft, so lassen sich bestimmte Angaben darüber nicht machen, doch ist nach dem oben Gesagten wohl klar, daß beide nur gering sein können.

Die Spektren der Sternschnuppen oder Meteore zeigen ein kontinuierliches Spektrum, in welchem das Grün gelegentlich stark hervortritt, außerdem will man einzelne helle Linien darin gesehen haben, so Secchi eine Magnesiumlinie, während Konkoly nur sicher die Natriumlinie konstatieren konnte. Wir haben es also bei den Meteoren mit festen Körpern zu thun, die beim Hindurchstreichen durch die Erdatmosphäre glühend und gelegentlich so stark erhitzt werden, daß einzelne ihrer Bestandteile zum Verdampfen kommen. — Durch das Herabstürzen einzelner Meteore auf die Erde sind wir in den Stand gesetzt, ihre Beschaffenheit auf das genaueste zu studieren, wobei sich denn herausgestellt hat, daß sich in ihnen chemische Verbindungen finden, die zum Teil auf der Erde nicht vorkommen und charakteristische Eigenschaften besitzen, woran sie immer wieder zu erkennen sind. Neue Elemente haben sich dagegen nicht gefunden, nach den darin vertretenen kann man die Meteorsteine in eisenhaltige und eisenfreie einteilen. Die ersteren enthalten nur oder größtenteils Eisen und zwar meist in der Form von Nickeleisen, die letzteren Broncit, Olivin und Enstatit, d. h. also Mineralien, welche aus Kalk, Kieselsäure und Thonerde bestehen.

§ 16. Die Fixsterne.

Da auch in den größten Fernröhren die uns nächsten und die hellsten Fixsterne nur als leuchtende Punkte erscheinen, so sind wir zur Ermittlung ihrer Beschaffenheit lediglich auf die spektroskopische Untersuchung des von ihnen ausgestrahlten Lichtes angewiesen. Eine solche ist zuerst von Fraunhofer unternommen worden, wobei derselbe richtig erkannte, daß man im wesentlichen drei verschiedene Arten von Sternspektren zu unterscheiden habe. Eine genauere Klassifizierung der letzteren hat zuerst Secchi durchgeführt, wobei er sich zunächst an äußere augenfällige Unterschiede hielt, doch hat er selbst später eingesehen, daß diese auch auf eine verschiedene Konstitution der betreffenden Sterne hindeuten. Lediglich auf das Aussehen der auf der photographischen Platte sichtbaren Teile der Sternspektren bezieht sich die sehr detaillierte Pickeringsche Einteilung derselben, während im Gegensatz dazu die von Lockyer vorgenommene Gruppierung lediglich auf einer von diesem angenommenen hypothetischen Anschauung über die Konstitution der Himmelskörper beruht, welche auf sehr schwachen Füßen steht. Als eine wirklich rationelle Einteilung der Sterne nach ihren Spektren und zugleich nach ihrer Konstitution stellen sich die drei Vogelschen Spektralklassen dar. Danach gehören in die

„I. Klasse Sterne, deren Glühzustand ein so beträchtlicher ist, daß die in ihren Atmosphären enthaltenen Metalldämpfe nur eine überaus geringe Absorption ausüben können, so daß entweder keine oder nur äußerst zarte Linien im Spektrum zu erkennen sind. (Hierher gehören die weißen Sterne).

II. Klasse Sterne, bei denen, ähnlich wie bei unserer Sonne, die in den sie umgebenden Atmosphären enthaltenen Metalle sich durch kräftige Absorptionslinien im Spektrum kundgeben (gelbe Sterne), und endlich

III. Klasse Sterne, deren Glühhitze so weit erniedrigt ist, daß Associationen der Stoffe, welche ihre Atmospäre bilden, eintreten können, die, wie neuere Untersuchungen ergeben haben, stets durch mehr oder weniger breite Absorptionsstreifen charakterisiert sind (rote Sterne)."

Danach sind also die Sterne der I. Klasse die heißesten, aus denen sich durch allmähliche Abkühlung diejenigen, deren Spektren die II. Klasse bilden, zu welcher auch das Sonnenspektrum gehört, entwickelt haben, bis endlich bei noch weiterer Abkühlung die Sterne mit Spektren der III. Klasse entstehen, welche natürlich sich noch immer in glühendem Zustande befinden und sehr hohe Temperaturen haben, die letzteren sind nur relativ gering im Vergleich zu denen der Klassen I und II. Für die Höhe der Temperaturen in der lichtabsorbierenden Schicht auf den Sternen giebt folgende Ueberlegung Scheiners einen ungefähren Anhalt.

Im Spektrum des Magnesiums findet sich bei 448,2 $\mu\mu$ eine Linie, die nur breit und intensiv erscheint, wenn man das Magnesium mittelst des elektrischen Funkens zum Glühen bringt, während sie nicht sichtbar ist im Spektrum des frei brennenden oder des im elektrischen Lichtbogen verdampfenden

Magnesiums; das gerade umgekehrte Verhalten zeigt die Magnesiumlinie 435,2 $\mu\mu$. Nun ist die erste dieser Linien (also von 448,2 $\mu\mu$) in den Spektren der I. Klasse breit und deutlich zu erkennen, in denen der II. Klasse nur noch schwach und fehlt ganz in denen der III. Klasse. Dagegen ist die Linie 435,2 $\mu\mu$ in den Spektren der Klasse I überhaupt nicht zu finden, gehört in denen der Klasse II zu den hervorragenderen Linien und ist endlich in denen der Klasse III eine der stärksten. Also während die erste Linie in den Spektren der Klassen I bis III allmählich abnimmt an Breite und Deutlichkeit, nimmt die zweite Linie ungefähr im gleichen Verhältnis zu, welches eigentümliche Verhalten beider Linien nur durch verschieden hohe Temperaturen bedingt sein kann, denn bei Zunahme des Druckes kann eine Linie nur breiter und deutlicher, aber nicht schwächer und schmäler werden. Scheiner schließt nun daraus, daß die Temperatur der Licht absorbierenden Schicht der Sterne der I. Spektralklasse etwa gleich der Temperatur des elektrischen Funkens, die höchstens 15000° Celsius beträgt, ist, bei den Sternen der III. Spektralklasse etwa der Temperatur des elektrischen Flammenbogens, d. h. 3000° bis 4000° Celsius, gleich kommt, während die entsprechende Temperatur für die Sterne der II. Spektralklasse zwischen diesen beiden Grenzen liegt. Hierzu hat J. E. Keeler die Bemerkung gemacht, daß die drei Magnesiumlinien, welche die sogenannte b-Gruppe bilden, ein ganz ähnliches Verhalten wie die Linie von 435,2 $\mu\mu$ zeigen mit dem einzigen Unterschiede, daß die b-Gruppe in den Spektren der Klasse I nicht ganz zu verschwinden scheint, sondern wohl meistens, wenn auch nur noch sehr schwach, vorhanden ist. Nun ist aber diese b-Gruppe auch im Funkenspektrum des Magnesiums noch gut zu sehen, wenn sie also in einem

Sternspektrum sehr schwach ist oder gänzlich fehlt, so würde das auf eine Oberflächentemperatur bei diesem Himmelskörper deuten, welche die des elektrischen Funkens und damit alle künstlich herstellbaren Temperaturen, also auch die oben angegebene Grenze von 15000° übersteigt. Keeler acceptiert also Scheiners Schlußfolgerung, nur setzt er die obere Temperaturgrenze höher an als dieser.

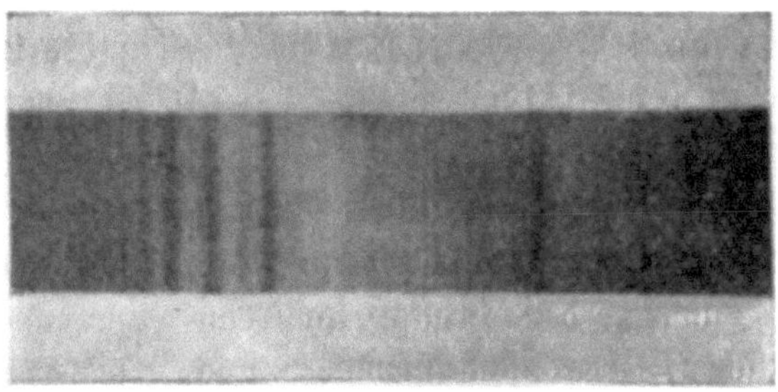

α Pegasi.

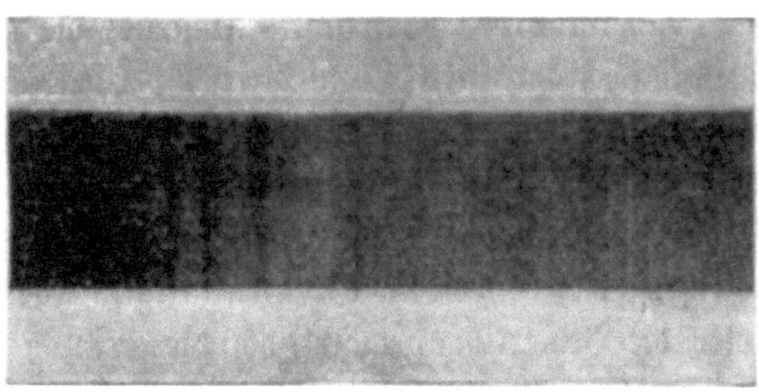

ζ Pegasi.

Fig. 11. Sternspectren der Klasse Ia.

Da die Sternspektren alle möglichen Uebergänge und Abstufungen unter einander zeigen, so hat sich Vogel veranlaßt gesehen, seine Spektralklassen noch in Unterabteilungen zu zerlegen und zwar die I. in drei, die beiden anderen in je zwei, welche er durch Anhängung der Buchstabe a bis c an die betreffende Klassenziffer bezeichnet. Aber auch dann noch zeigen die Spektren, die zu einer und derselben Unterabteilung gehören, naturgemäß kleinere Verschiedenheiten, wie solche z. B. an den beiden Sternspektren in Fig. 11 zu sehen sind.

Diese stellt zwei vom Verfasser photographierte und stark vergrößerte Diffraktionsspektren der Klasse Ia dar, also „Spektra, in denen außer den schwachen Metallinien, die Wasserstofflinien sichtbar sind und sich durch ihre Breite und Dunkelheit auszeichnen.“ Vergleicht man das Spektrum von α Pegasi mit dem unteren von ζ Pegasi erhaltenen genauer in Bezug auf Lage und Stärke der dunkeln Linien (die hellen Linien, von denen in jedem der beiden Spektren eine zu sehen ist, sind auf Fehler der Platte zurückzuführen, die bei dem Vergrößerungsverfahren sich als helle Linien kennzeichnen), so findet man bei aller Uebereinstimmung doch auch mancherlei kleine Unterschiede. Die Spektren sind so reproduziert, daß das rote Ende links, das violette rechts vom Beschauer liegt.

Von der ungeheuren Zahl von Sternen sind bisher verhältnismäßig erst wenige auf ihre Spektren hin untersucht. Die umfassendste Arbeit dieser Art ist der sogenannte „Draper Katalog“, der auf der Harvard College Sternwarte in Nordamerika unter Pickerings Leitung ausgeführt ist und über 10000 Spektren der Sterne I. bis VIII. Größenklasse zwischen dem Nordpol und 25° südlicher Deklination umfaßt. Von diesen über 10000 Spektren gehören 51,5% der I., 47,6% der II. und nur 0,9% der III. Vogelschen Spektralklasse an.

Eine besondere Erwähnung verdienen die Spektra der veränderlichen und der neuen Sterne. Ueber diese beiden Arten von Sternen handelt ganz ausführlich der § 23 (Seite 143) der 9. Auflage der „Astronomie“ von

A. F. Möbius (Sammlung Göschen Nr. 11), deshalb sollen hier nur noch die Spektra dieser Sterne und die sich daraus ergebenden Schlußfolgerungen für ihre physische Beschaffenheit besprochen werden.

Die Spektra der veränderlichen Sterne weisen Vertreter aus allen drei Spektraklassen auf. Nun kann bei den Sternen mit Spektren der I. Klasse nicht wohl an eine schnelle Veränderung auf der Oberfläche und einen dadurch bewirkten Lichtwechsel gedacht werden, sondern die Ursache dieses letzteren muß außerhalb des Sternes zu suchen sein. In der That hat die Untersuchung ergeben, daß die Sterne des Algoltypus, welche in erster Linie hierher gehören, ihren Lichtwechsel einem sie umkreisenden dunkeln Begleiter verdanken, worüber man das Genauere in dem eben citierten § 23 nachlesen kann. Auch bei den Veränderlichen der II. Spektralklasse ist eine ähnliche Erklärungsform wahrscheinlich, indessen muß man bedenken, daß unsere Sonne, deren Spektrum hierher gehört, durch ihre Fleckenbildung einem fernen Beobachter möglicherweise als ein veränderlicher Stern von 11jähriger Periode erscheinen würde, wenn derselbe nämlich mit besonders feinen photometrischen Apparaten versehen wäre. Jedenfalls sind wir zu der Annahme berechtigt, daß unter den Sternen der II. Spektralklasse sich solche befinden, die an ihrer Oberfläche ähnliche Flecke, nur vielleicht in größerer Anzahl oder Ausdehnung entwickeln wie unsere Sonne, und diese würden uns dann mit mehr oder weniger regelmäßig wechselnder Helligkeit leuchten. — Spektren der III. Klasse weisen endlich die meisten Veränderlichen längerer Periode auf. Da wir aber bei Sternen dieser Spektralklasse notwendig eine verhältnismäßig niedrige Temperatur an der Oberfläche voraussetzen müssen, so werden wir hier eine gesteigerte Fleckenbildung folgerichtig annehmen dürfen. Die Periodicität kann dann hervorgerufen werden entweder durch eine bald größere, bald geringere Fleckenthätigkeit (wie bei der Sonne), oder dadurch daß die Flecken nur einen bestimmten Teil der Oberfläche bedecken, der dann durch die Achsenrotation des Sternes bald für uns sichtbar ist, bald nicht; endlich können beide Ursachen im Verein einen Lichtwechsel hervorrufen und es wird von der Regelmäßigkeit, Dauer und Stärke desselben abhängen, welche der drei Ursachen man in einem bestimmten Fall als wirksam annehmen will.

Eine solche Fleckenbildung wird aber allmählich immer mehr zunehmend die ganze Oberfläche bedecken, und sowie das geschehen ist, ist der Stern für uns unsichtbar geworden, erloschen. Wenn nun aber aus irgend welchen Ursachen die im Innern eines solchen erloschenen Sternes immer noch vorhandenen glühenden Massen die erkaltete Außenseite durchbrechen und an die Oberfläche treten, so wird der Stern wieder selbstleuchtend, wir glauben einen „neuen“ Stern zu erblicken, während es in Wahrheit ein recht alter ist. Dieser hier geschilderte Vorgang läßt sich mit dem spektroskopischen Befund der „neuen“ Sterne sehr wohl vereinigen. Die Spektra derselben sind meistens kontinuierlich und mehr oder minder stark durchzogen von dunkeln und hellen Linien. In dem Grade als der neue Stern an Helligkeit verliert, blaßt auch das kontinuierliche Spektrum ab, während die hellen Linien (vielleicht nur durch Kontrastwirkung) mehr hervortreten und meistens das Letzte bilden, was von dem ganzen Spektrum noch zu sehen ist. Zöllner hat schon vor Bekanntwerden dieses spektroskopischen Verhaltens die obige Ansicht von einem Ausbruch aus dem Innern als Ursache des plötzlichen Aufleuchtens ausgesprochen; dabei brauchen die ausbrechenden flüssigen Massen gar nicht mal so besonders groß angenommen zu werden, denn dieselben werden an der Oberfläche durch ihre enorme Hitze starke chemische Zersetzungsprozesse hervorrufen, die ihrerseits wieder Wärme und Licht entwickeln werden. Diese leuchtenden Massen werden das kontinuierliche Spektrum aussenden, während die dunkeln Linien in demselben entweder durch die Atmosphäre des Sternes oder durch die bei dem geschilderten Verbrennungsprozeß sich bildenden Gase oder durch beides hervorgerufen werden. Aber nicht nur feurig-flüssige oder breiige Massen werden aus dem Innern hervorbrechen, sondern auch in großer Menge glühende Gase und Dämpfe und diese werden sich über die Atmospähre des Sternes erheben und sich über weite Strecken ausdehnen und so die hellen Linien im Spektrum hervorrufen. — Aber Vogel hat auch aus den spektralen Veränderungen der Nova Cygni (1876) nachweisen können, daß das Verblassen derselben auf einen Abkühlungsprozeß zurückzuführen war, denn die blauen und violetten Teile des Spektrums nahmen schneller an Intensität ab, als die übrigen, und gleichzeitig wurden die Absorptionsstreifen in demselben dunkler und breiter.

Die Ursachen, welche einen solchen Ausbruch aus dem Innern hervorrufen, können einmal in diesem selbst liegen und in ähnlichen, nur viel mächtigeren Vorgängen bestehen wie die, welche die Sonnenprotuberanzen hervorrufen, oder sie können äußerlich einwirkende sein, wie etwa das Einstürzen eines sehr großen Meteorsteines. Der oft dafür angenommene Zusammenstoß zweier gleich großer Körper würde diese durch und durch entflammen, wobei dann an eine Abkühlung innerhalb von Wochen oder Monaten nicht zu denken wäre. Wilsing hält als Ursache eines solchen Ausbruches die sehr starke Annäherung zweier ungefähr gleich großer Sterne für möglich. Eine solche würde eine Flutwelle in der Atmosphäre und im feurig-flüssigen Innern des einen Körpers z. B. hervorrufen, dadurch würde einmal ein Teil seiner Oberfläche fast von aller Atmosphärenhülle entblößt und das kontinuierliche Spektrum des Sternes würde damit heller werden, andererseits würde die Flutwelle des Innern einen Ausbruch nach außen in der eben geschilderten Weise bewirken. Nimmt man an, daß die Annäherung der beiden Sterne keine einmalige, zufällige, sondern eine durch den Umlauf des einen Sternes um den andern in regelmäßigen, wenn auch vielleicht langen Zeiträumen wiederkehrende sei, so wird also ein von Zeit zu Zeit sich wiederholendes Aufleuchten des „neuen" Sternes stattfinden, d. h. man hätte einen veränderlichen Stern von sehr langer Periode. Uebrigens braucht bei der Annäherung beider Sterne aneinander nicht jedesmal ein Ausbruch aus dem Innern zu erfolgen, sondern es kann auch sehr wohl bei der Aufhellung des kontinuierlichen Spektrums durch die Bewegung in der Atmosphäre des Sternes sein Bewenden haben.

§ 17. Die Nebelflecke.

Gewöhnlich pflegt man die Nebelflecke mit den Sternhaufen gemeinsam zu behandeln, weil im Fernrohr zwischen diesen beiden Gebilden schwer eine Grenze zu finden ist, indem Formationen, die in kleineren Fernröhren als Nebel erscheinen, in großen Teleskopen als deutliche Sternhaufen zu erkennen sind, sodaß schon Herschel zu der Annahme kam, daß die meisten Nebel in Wahrheit nur für unsere optischen Hilfsmittel unauflösbare Sternhaufen seien. Hier konnte allein die Spektralanalyse Aufklärung schaffen, denn die wirklich nur aus Dunstmassen bestehenden Gebilde mußten diese ihre

Konstitution durch ein diskontinuierliches Spektrum verraten, während die Sternhaufen ein kontinuierliches Spektrum aus einer der drei Spektralklassen zeigen mußten. In der That ist es auf diese Weise gelungen bei einer großen Anzahl von Nebeln nachzuweisen, daß sie in Wahrheit Sternhaufen sind, während man andererseits in einzelnen kleinen Sternen Nebel erkannt hat.

Das eigentliche Nebelspektrum besteht im wesentlichen aus vier hellen Linien von 500,59, 495,72, 486,09 und 434,07 $\mu\mu$, von denen die beiden letzten Wasserstofflinien, die beiden ersten ihrer Natur nach ganz unbekannt sind. Die Helligkeiten der vier Linien zeigen starke Differenzen, und diese scheinen wieder mit den einzelnen Objekten zu wechseln, doch bleibt die Linie 500,59 $\mu\mu$ stets die hellste und ist bei schwachen Nebeln zuweilen die einzige sichtbare. Außer diesen vier Hauptlinien sind von einzelnen Beobachtern noch andere helle Linien von geringerer Intensität als die oben genannten gesehen worden, so z. B. von Copeland im Orionnebel wahrscheinlich die D_3-Linie. Nach theoretischen Betrachtungen von Zöllner und praktischen Versuchen von Frankland und Lockyer läßt sich dieses einfache Nebelspektrum und sein gelegentliches Zusammenschrumpfen auf eine Linie durch eine äußerst geringe Dichtigkeit und niedrige Temperatur der Gase erklären; daß diese trotz der letzteren noch leuchten können, haben Hasselberg, E. Wiedemann und Wüllner experimentell bewiesen.

Aber außer dem hellen Linienspektrum zeigen einzelne Nebel noch ein kontinuierliches, dessen hellste Stelle bei der b-Gruppe im Grün zu liegen scheint, ähnlich wie es wohl auch bei den Spektren von Sternhaufen beobachtet ist. Ob sich dieses kontinuierliche Spektrum bei Anwendung größerer

Dispersion in einzelne helle Streifen auflösen läßt oder nicht, hat bei der Lichtschwäche desselben bisher noch nicht entschieden werden können. Bei den Sternen, die häufig in ausgedehnteren Nebeln erscheinen, hat sich bei einigen mit Hilfe des Spektroskops sicher nachweisen lassen, daß sie nicht nur optisch, sondern thatsächlich zum Nebel gehören, d. h. daß sie sogenannte Nebelsterne sind, welche organisch zur Nebelmasse gehören und in deren Nähe diese am dichtesten ist. Das beste Beispiel hierfür bilden die sogenannten Trapezsterne im Orionnebel.

Will man diese beiden Erscheinungsformen der Nebel in Beziehung zu einander bringen, so bleibt nur übrig anzunehmen, daß die Gas- und Dunstmassen sich allmählich verdichten entweder um ihren Mittelpunkt oder um mehrere Punkte, die aus irgendwelchen Ursachen, welche vielleicht in der Bewegung der Nebelmasse liegen, für solche Verdichtungen die günstigsten Bedingungen liefern. Diese Verdichtungen nehmen fort und fort zu, bis sich eine oder mehrere sternartige Anhäufungen von Nebelmaterie gebildet haben, die dann schon ein kontinuierliches Spektrum auszusenden im stande sind. Ein typisches Beispiel für diesen Zustand bildet der Andromeda-Nebel, der nach den besten photographischen Aufnahmen aus einem hellen Nebelkern besteht, um den sich eine ungeheure Spirale von Nebelmaterie zieht. Der Kern sendet ein kontinuierliches Spektrum aus, welches so hell ist, daß es das Linienspektrum der dünnen Nebelspirale vollständig überstrahlt. Schließlich verdichtet sich der oder die Nebelkerne zu einer entsprechenden Anzahl von Sternen, zwischen denen noch dünne Nebelmaterie vorhanden ist, die aber auch allmählich von denselben angezogen und resorbiert wird. Es hat sich dann aus dem Nebel ein Stern oder Sternhaufen gebildet. Wir haben nun an den verschiedenen Nebeln und Sternhaufen am Himmel Beispiele für die verschiedenen Entwicklungsstadien vor uns, und diese können uns damit auch ein ungefähres Bild der Vorgänge entwerfen, welche schließlich zur Bildung unseres Sonnensystems geführt haben.

Register.